U0586667

现象学研究方法：
原理、步骤和范例

PHENOMENOLOGICAL RESEARCH METHODS

［美］克拉克·穆斯塔卡斯（Clark Moustakas）著

刘 强 译

重庆大学出版社

谨以此书献给人文研究中心和联合学院研究生院的学习者和研究生们。从他们的研究以及与他们的互动当中，我深化和拓展了对广泛的人类体验的认识，并因此成为一个更明智、更有效的指导教师和研究者。

作译者简介

克拉克·穆斯塔卡斯（Clark Moustakas）

底特律人文研究中心的主席，辛辛那提联合学院心理学资深顾问和核心教师成员。他作为个人和心理学家的成就反映在他基于心理学、哲学、教育学以及文学的视角、价值和观念的研究和著作中，它们支撑、充实和深化了人类的发现、意义和体验。他关于孤独、创造性与服从性、教与学、心理疗法及质性研究的著作保持了精神与心灵的一种跨学科的统一。

刘 强

北京大学教育学博士，现任职于石河子大学师范学院/兵团教育学院。主讲课程：教育学原理、教育哲学、质性研究方法、现象学教育学。主要研究领域为现象学方法在教育领域内的运用。代表作品：《课堂提问情境中学生的体验及其意义：一项现象学教育学研究》（重庆大学出版社，2016.6）；《灵机一动中迸发的智慧火花：教师的教育机智研究》（中国书籍出版社，2020.8）；《课堂提问情境中的学生自我呈现：一种现象学分析》（当代教育科学，2014年第4期）；《现象学教育学研究的本土化尝试》（教育学术月刊，2017年第9期）等。

致 谢

在这本《现象学研究方法》的创作过程中，我深受胡塞尔（英文版著作）以及澄清、阐明和运用其思想的弟子和其他现象学思想家的影响。故而，对这些作者和出版者的援引和恰如其分的称赞贯穿本书始终。

我想特别感谢下列人员，从他们的著作中，我借鉴了相关的现象学理论、概念和方法以及现象学资料的范例。他们是：C.M.Aanstoos, R.B.Addison, N.Alpern, J.Becker, F.M.Buckley, P.R.Colaizzi, R.Copen, H.Cooper, A.J.J.de Koning, C.T.Fischer, W.F.Fischer, C.B.Fraelich, A.Giorgi, E.Humphrey, E.Keen, K.LaCourse, J.Miesel, S.Palaian, C.Palmieri, P.Paskiewicz, M.Patton, C.Rhodes, L.Schmidt, E.Schneider, E.L.Stevick, C.Stratman, M.Trumbull, A.van Kaam, J.Van Maanen, R.von Eckartsberg, F.J.Wertz, D.R.Wolf 和P.Yoder。

我也感谢下列作者和出版者允许我从他们的著作中使用详尽的引用。感谢（下面摘录的引文）允许我转载下列或任何其他来源的材料，同时也包括本书使用的所有来自该特定著作的引文。

N.Alpern.(1984).男性与月经：对男性月经体验的一项现象学研究.（博士论文, Union for Experimenting Colleges and Universities, 1983. *Dissertation Abstracts International,* 44, 2883B.）

R.Copen.(1993).失眠：一项现象学研究.(博士论文, The Union Institute, 1992. *Dissertation Abstracts International,* 53, 6542B.)

A.J.J.de Koning.(1979)."猜疑现象学中的质性研究方法."A.Giorgi, R.Knowles, & D.L.Smith（编）, *Duquesne Studies in Phenomenological Psychology*（第3卷）.Pittsburgh: Duquesne University Press.

W.F.Fischer.(1989)."关于焦虑的经验—现象学研究." R.S.Valle & Halling（编）, *Existential-Phenomenological Perspectives in Psychology.* New York: Plenum.

C.B.Fraelich.(1989).关于心理治疗师在场体验的现象学研究.(博士论文, The Union Institute, 1988. *Dissertation Abstracts International*, 50, 1643B.)

A.Giorgi.(编).(1985).现象学和心理学研究. Pittsburgh: Duquesne University Press.

E.Humphrey.(1991).追寻生命的意义：对追寻生命意义体验的现象学启发式探究. （博士论文, The Union Institute, 1992. *Dissertation Abstracts International*, 51, 4051B.）

E.Husserl.(1931).观念（W.R.Boyce Gibson译）.London: George Allen & Unwin.

E.Keen.(1984)."摆脱抑郁."*American Behavioral Scientist*, 27(6), 801-812.

J.A.Miesel.(1991).人到中年职业自愿变换体验的现象学研究. （博士论文, The Union Institute,1991. *Dissertation Abstracts International*, 52, 5542B.）

S.Palaian.(1993).渴望的体验：一项现象学研究.(博士论文, The

Union Institute, 1993. *Dissertation Abstracts International*, 54, 1678B.）

C.Palmieri.(1990).成年人关于童年时期遭受虐待的体验.（博士论文, The Union Institute, 1990. *Dissertation Abstracts International*, 51, 2631B.）

P.Paskiewicz.(1988). 关于创伤性闭合性颅脑损伤的体验：一项现象学研究.（博士论文, Union for Experimenting Colleges and Universities, 1987. *Dissertation Abstracts International*, 49, 919B.）

C.Rhodes.(1987).女性的转变——从依赖到自主：一项自我发展研究.（博士论文, The Union Graduate School, 1986. *Dissertation Abstracts International*, 48, 572B.）

E.Schneider.(1987).母亲在女儿青春期对母女关系的体验.（博士论文, The Union Graduate School, 1986. *Dissertation Abstracts International*, 48, 2109B.）

C.Stratman.(1990).对女性个人力量的体验.（博士论文, The Union Institute, 1989. *Dissertation Abstracts International*, 50, 5896B.）

A.Strauss & J.Corbin.(1990).质性研究的基础：扎根理论、程序与方法.Newbury Park, CA: Sage.

M.Trumbull.(1993).经受冠状动脉搭桥手术的体验：一项现象学研究.（博士论文, The Union Institute, 1993. *Dissertation Abstracts International*, 54, 1115B.）

P.Yoder.(1990).愧疚、情感和力量：对愧疚体验的一项现象学研究.（博士论文, The Union Institute, 1989. *Dissertation Abstracts International*, 50, 5341B.）

感谢Helen Saxton录入了校订的手稿部分，尤其感谢Vange Puszcz 把整个手稿键入电脑，纠正了所有的错误，追踪了缺失的参考资料，并在其他很多方面给予帮助，使本书得以完成。此外，感谢 Jill Benton 所做的文献查核工作。

我还要感谢Kevin MacNeil，是他萌生了这一想法，并促使我的现象学研究取向的著作得以顺利出版。

前　言

在本书的形成过程中，我的研究生和其他教授的研究评论和问题对我产生了启发和一定程度的引导，是他们将现象学的模式运用于广泛的人类行为和体验的研究当中。毫无疑问，我们的交谈和对话使得本书在人文科学探究的理论、概念、设计和方法方面更具实用性。下面是各章内容的简要概述。

第1章，"人文科学视角和模式"，探讨和阐明了五种运用质性方法论的人文科学研究模式。这些模式包括民族志、扎根理论、诠释学、经验现象学（empirical phenomenological）研究和启发式研究。本章对上述研究模式的共同观点和特征进行了描述。本章也对我自己的现象学模式和其他主要的人文科学研究方法进行了区分。

第2章，"先验现象学：概念框架"，介绍了理解先验现象学的概念框架以及引导我的人文科学研究取向的现象学模式发展的理论和方法论基础。

第3章，"现象学与人文科学研究"，提供了对传统经验科学和人文科学的进一步描述。本章包括对核心概念（意识、行为、知觉、意向体验和主体间的有效性）的讨论。本章还举例说明了现象学理论和方法在教育中的应用。

第4章，"意向性、意向对象和意向活动"，详述了胡塞尔先验现象学中的三个重要概念，这些概念引导我构建了一种设计，以获取和收集能阐明人类体验的主题、意义和本质的资料。

第5章，"悬置、现象学还原、想象变更和综合"，介绍了做现象学研究需要遵循的主要步骤。

第6章，"人文科学研究的方法和程序"，指导研究者循序渐进地按照所需要的方法和程序进行资料的准备和收集、访谈，以及资料的整理和分析，以形成对被研究体验的一个统一的、有条理的描述。本章提供了如何阐述研究问题、确定和选择研究参与者的例子；讨论了在人类参与者中进行研究的相关的伦理标准。本章阐明了如何撰写专业文献综述，并提供了一些资源和策略来对前人的相关工作进行总结；以及提供了一个关于整理和形成一份研究报告的文献综述部分的综合实例。

第7章，"现象学研究：分析与范例"，介绍了两种重要的整理和分析资料的研究设计和方法。这些来自最近研究的重要范例阐明了视域化（Horizonalization）、不变视域（Invariant Horizons）、个体纹理（Individual Textural）描述、个体结构（Individual Structural）描述、综合纹理（Composite Textural）和综合结构（Composite Structural）描述，以及意义和本质的综合。

第8章，"总结、影响和结果：一项现象学分析"，完整地阐明了现象学研究，提供了未来研究项目的案例，以及研究对个人、社会和专业方面的影响。

附录部分提供了给研究参与者的说明信、参与者授权协议及致谢信的范例。此外，在附录部分还有一份详细的进行先验现象学研究的指南，以及研究手稿创作指南。

本书的创作过程是一次集中的学术对话的旅程，它是涉及大约100份研究型出版物的文献综述，大量的有关现象学的专业著作，以及数小时的反思式思考。在我的课程"人文科学研究基础"和"人文科学研究设计"中,我始终与人文科学研究中心的学习者和教授保持着对话。我也常常在联合学院研究生院与我的学生们见面,我指导了他们的博士论文。同样重要的还有,那些从参考资料、资源和材料到内心的惊奇,从思考和反思到直观和想象,以及从观念到挥之不去的意象和想象的寻求中所发生的自我对话。

我期望《现象学研究方法》一书能够为开展人文科学研究提供必要的实用指导,并鼓舞更多的研究者和相关研究,产生关于人类日常生活体验、人类行为和人类关系的重要的新知识。

目 录

1. 人文科学视角和模式 /1

民族志 / 1

扎根理论 / 4

诠释学 / 9

经验现象学研究 / 13

启发式研究 / 20

人文科学研究的共同特征 / 25

2. 先验现象学：概念框架 / 31

意向性 / 34

直 观 / 39

先验现象学的方法论 / 40

主体间性 / 45

认同促进中的应用 / 47

概要与结论 / 50

3. 现象学与人文科学研究 / 53

经验科学和人文科学 / 53

先验现象学的进一步描述 / 59

意 识 / 60

行 为 / 62

知 觉 / 63

意向体验　　　　　　　　　　　　　　　/ 66

主体间的有效性　　　　　　　　　　　　/ 69

人文科学研究中的运用　　　　　　　　　/ 70

胡塞尔先验现象学中的假设　　　　　　　/ 73

教育中的应用　　　　　　　　　　　　　/ 74

结　论　　　　　　　　　　　　　　　　/ 78

4. 意向性、意向对象和意向活动　　　　/ 81

意向对象和意向活动　　　　　　　　　　/ 82

同一性和时间性　　　　　　　　　　　　/ 89

符号与直观　　　　　　　　　　　　　　/ 91

纹理和结构　　　　　　　　　　　　　　/ 92

知觉抑或概念　　　　　　　　　　　　　/ 94

5. 悬置、现象学还原、想象变更和综合　/ 101

悬置过程　　　　　　　　　　　　　　　/ 101

现象学还原　　　　　　　　　　　　　　/ 108

想象变更　　　　　　　　　　　　　　　/ 116

意义和本质的综合　　　　　　　　　　　/ 119

结　论　　　　　　　　　　　　　　　　/ 120

6. 人文科学研究的方法和程序　　　　　/ 123

研究准备的方法　　　　　　　　　　　　/ 124

伦理原则　　　　　　　　　　　　　　　/ 130

资料的有效性　　　　　　　　　　　　　/ 131

专业和研究文献综述　　　　　　　　　　/ 132

资料收集的方法　　　　　　　　　　　　/ 135

一般访谈指南　　　　　　　　　　　　　/ 137

开始一次访谈　　　　　　　　　　　　　/ 138

资料的整理和分析　　　　　　　　　　　/ 141

7. 现象学研究：分析与范例 / 143

范卡姆现象学资料分析方法的改进 / 143

现象学资料分析的斯蒂维克—克莱茨—基恩方法的改进 / 144

8. 总结、影响和结果：一项现象学分析 / 189

整个研究的总结 / 189

未来的研究 / 197

社会和专业影响方面的结果 / 201

现象学研究的结束阶段 / 210

创作研究手稿 / 212

结 语 / 212

附录 A：与研究参与者交流的文件范本 / 217

附录 B：现象学模式的提纲式摘要 / 220

附录 C：创作研究手稿 / 223

著作译名对照表 / 225

译后记 / 227

1.

人文科学视角和模式

为了区分我自己的现象学研究设计和方法论与指导人文科学研究的其他质性方法,我将在众多的质性研究中,简要概述五种对我而言比较突出的方法:民族志、扎根理论、诠释学、经验现象学及启发式研究。我还将列出指导质性研究的人文科学探究理论的共性。

民族志

民族志涉及广泛的田野工作,可以在各种社会环境中进行,这些环境允许对被研究群体进行直接的观察,与人们进行交流与互动,并有机会进行正式和非正式的访谈(Bogdan & Taylor, 1975; Jorgensen, 1989; Lofland, 1971)。民族志研究是以人类学(Benedict, 1959; Mead, 1928, 1975)、社会学(Van Maanen, Dabbs, & Faulkner, 1982)和心理学(DiGregorio, 1983; Holmes, 1993)的视角或框架进行的。范梅南(Van Maanen, 1982)评论说:

民族志研究的结果是文化描述。然而,这种描述只有在一个既定的社会环境中,经过长期的深入研究和生活才能产生。它需要掌握那种环境中的口头语言，直接参与发生在那里的一些活动，最重要的是，它深深依赖于与来自该环境中的几个知情者一起进行的深入调查。（pp.103-104）

民族志研究需要对研究进行初步的探索、计划、准备，包括获得观察和参与许可、探索该环境的地理位置，制订一份访问日程的计划。

波格丹和泰勒（Bogdan & Taylor, 1975）提供了以下策略：（1）从对参与者和职员互动的观察中及其评论的记录中寻找关键词；（2）注意开场白和结束语；（3）离开该环境不久，对所有能够记住的东西做笔记；（4）不要向任何人谈论，除非田野笔记的记录已经完成；（5）用图表的方式标识环境的物理布局；（6）概述具体的行为、事件、活动和对话（p.63）。帕顿（Patton, 1990）提供了如下建议：

1.所做的田野笔记是描述性的。

2.从不同的视角收集各种各样的信息。

3.搜集不同种类的资料——观察、访谈、项目文件、录音及照片，并使用多种方法进行交叉验证和三角验证。

4.使用引语；呈现项目参与者自己的术语。用参与者自己的话语来表达他们对自身经历的看法。

5.明智地选择关键的知情者，小心地利用他们。从他们见多识广的观点中汲取智慧，但是要记住，他们的观点是有局限性的。

6.注意田野工作的不同阶段并对其保持敏感性。

    a.在开始阶段要建立信任融洽的关系。记住评价者——观察者也会被观察和被评价。

    b.在田野工作较常规的中期，保持警觉和自律。

  c. 在田野工作接近尾声的时候，集中精力收集有用的综合信息。

  d. 在田野工作的所有阶段，记录详细的田野笔记时都要保持自律和谨慎。

  7. 尽可能充分地参与到项目的体验过程中，同时保持一种基于田野工作目的的分析视角。

  8. 能够明确地把描述与理解和判断区分开。

  9. 提供形成性反馈作为田野工作确证过程的一部分。仔细记录反馈的时间，观察它的效果。

  10. 在你的田野笔记和评估报告中融入你自己的体验、想法和感受。这些也是田野资料。（pp.273-274）

  沃尔夫（Wolf, 1991）关于摩托车俱乐部的研究是一个非常好的民族志参与式观察研究的例子。在研究实施过程中，他观察和参与了一系列的活动，包括：跟成员喝酒和社交；帮助他们定制或修理摩托车；借钱给他们或者从他们那里借钱；交换摩托车配件；在摩托车商店聊天；和他们一起猎鸭、钓鱼和共进晚餐；和他们一起骑行；当俱乐部成员遭受威胁时，他会挺身而出。在与摩托车骑士交往了两年后，沃尔夫与他们的关系变得不那么密切，不那么热情，最终完全结束了。他这样评论他的离开：

  我与这些男性分享的东西致使我相信，在完成我的民族志之后，至少可以与他们保持一种友谊的关系。这种持久的情感将是一种同志情谊。结果我错了。我像许多渐渐离去的前成员一样，再也没有被注意或被提起。（p.22）

  帕顿（Patton, 1990）总结了参与式观察研究的价值：（1）通过直接的观察，研究者能够更好地理解人们的生活、分享活动及其生活的环境；（2）直接的经验能够使研究者对发现和推断什么是重要的保持开放性；（3）研究者能够在参与者和工作人员没有意识到的情况下直接观察活动并推断其意义；（4）通过直接的观察，研究者能够获悉研究参与者和工作人员可能不愿透露的事情；（5）研究者在理解环境、参与者和工作人员的本质时，可以加入他或她自己的观点；（6）直接的观察和参与能够使研究者通过直接的经验来收集资料，因此能够理解和解释被研究和被评价的环境和参与者。

扎根理论

人文科学研究中的另一种质性方法被称为扎根理论。在这种研究取向中，首先聚焦于体验要素的揭示。通过对这些要素及其相互关系的研究形成一种理论，这种理论能够使研究者理解特定环境中特定人群的体验的本质和意义（Glaser & Strauss, 1967）。在扎根研究中，理论是在研究过程中从收集的资料中生成的。假设和概念是在研究过程中从资料的分析中产生的。

在《社会科学家的质性分析》一书中，作者斯特劳斯（Strauss, 1987）把扎根理论视为研究调查的坚实基础，通过认真的资料分析——包括对田野笔记的检查，对访谈转录稿的逐句研究，对每个句子或短语进行编码、对编码进行分类，在类别之间进行对比——最终构建出一个理论。在这一过程中，"研究者要记下理论问题、假设、编码摘要"，从而"跟踪编码结果，并促进进一步的编码，也是理论整合的主要手段"（p.22）。

这一发现、确证和形成扎根理论的程序……在整个研究项目中都是起作用的……在彼此密切的关联、快速的次序中进行，并且常常是同时进行的……备忘录可能会变得越来越复杂，总结以前的观点或者聚焦于填补理论的空白。（Strauss，1987，pp.23—24）

尽管最终的目标是构建一个完整的理论，但"并没有连续的步骤可以提前设计"。每一个研究项目都有"其自身具体的程序"，它取决于资料的可获得性、研究者的理解和经验，以及在个人和专业方面影响和指导研究的偶发事件（p.24）。

艾迪森（Addison，1989）在内科医生社会化的调查中所使用的扎根诠释性研究包含了下列原则和实践。

1.扎根理论研究者持续不断地质问资料中的缺陷——遗漏、自相矛盾，以及不完整的理解。他们不断地意识到有必要获得影响和引导被研究情境及被研究者的信息。

2.扎根理论研究者强调研究过程的开放性，而不是固定的方法或程序。

3.扎根理论家承认环境和社会结构的重要性。

4.扎根理论研究者生成的理论和资料来源于访谈过程，而不是对个体实践的观察。

5.在扎根理论研究中，资料的收集、编码和分析是同时发生、彼此联系的，而并非一项研究设计彼此独立的组成部分。

6.扎根理论是一个归纳的过程：理论必须从资料中产生，并以资料为基础。

随着扎根研究的进行，观察到的经验被标记。斯特劳斯和科宾（Strauss and Corbin, 1990）在下文中阐明了这一过程：

> 假如你在一家价格十分昂贵但又备受欢迎的餐馆……当你等待你的晚餐时，你注意到一位身穿红色衣服的女士。她看起来只是站在厨房里，但你的常识告诉你，餐馆不可能花钱雇一个身着红色衣服的女士只是站在那里（什么事也不做），尤其是在特别忙碌的厨房。在好奇心的驱使下，你决定做一次归纳分析，看看你能否确定她的工作是什么……

> 你注意到，她专注地环视着厨房区域，**一个工作区**，看看这里，然后又看向别处，心里盘算着正在发生的事情。**你反问自己，她来这儿做什么？**于是你把它标记为"观察"。观察什么？厨房工作。

> 接下来，有人走近她询问了她一个问题，她做出回答。这种行为不同于"观察"，所以你把它编码为**"信息传递"**。

> 她似乎注意到每一件事情。你把这称为"关注"。我们那位穿红色衣服的女士走近某人，告诉他一些事情。既然这一事件也涉及传递信息，你也把它标记为**"信息传递"**。

> 尽管她一直站在所有这些活动的中间，但看起来并没有扰乱它们。你使用**"非干扰性"**这个术语来描述这种现象。

> 她转过身，快速而静悄悄地、高效地走进了用餐区，继续**观察**这里的活动。

> 她好像关注着每一个人和每一件事的动向——"监视"。但监视什么呢？作为一个机敏的观察者，你注意到，她监视着服务的**质量**，服务员如何与顾客互动并做出反馈；服务的时间安排，从引导顾客入座、点餐到送餐之间的时间间隔；以及顾客对服务的反应

和满意度。

　　一位服务员送来一份大型派对的订单，她走过去帮助他——"提供帮助"。

　　这位女士看似对她正在做的事情了如指掌，而且游刃有余——"富有经验"。

　　她走到靠近厨房的一面墙，注视着一张看似安排表的东西——"信息收集"。

　　领班走过来，他们交谈了一会儿，接下来环顾房间四周看看有没有空桌子，然后判断就座的顾客可能在什么时间点用餐：这两个人在"商议"。

我选择了蒙哥马利（Montgomery, 1990, 1991）关于照料关系的研究来说明扎根理论研究。她的研究聚焦于从照料者的体验这一视角来理解照料。蒙哥马利在医院环境中作为一名精神（心理）健康顾问与护士们一起工作。她说："我在对护士们做访谈并请求她们谈论对她们而言突出的体验时，使用了自然主义的扎根理论方法"（1991, p.92）。这35名接受访谈的护士是被其他人推荐给蒙哥马利的，他们被认为是"照料的典范"。从这些访谈和资料可以看出，"对照料而言，最重要的主题是精神超越的体验……被视为一种与远大于自我的力量相关的自我体验"（p.92）。这种精神的层面包含三个特性：（1）照料是一种精神上的超越现象，不同于"过分关心、拯救或者相互依赖"；（2）照料唤醒了一种能量的来源，它可以用来解释"对于照料者而言，精神上的超越如何作为一种重要的资源对实现自我更新和动机起作用，因此，照料与深深的满足感及成长相连，而与倦怠无缘"；（3）照料被精神上的超越所鼓舞，为照料者提供了一种个人成就感和情感上的满足（p.93）。

蒙哥马利研究中的一位照料者接下来的叙述被视作精神层面的一个例证：

> 精神……来源于照料个体的一种强烈的意识。你照料置于躯体内的精神。有时因为衰老，你甚至不能从外表认出一个人。你照料精神……二十年前我没有意识到，我想对于许多护士而言，它还在蛰伏着。（Montgomery，1991，p.97）

另一个照料者把这种精神的层面描述为："上帝对人们的爱是无穷无尽的……上帝已经给予了整个人类、每一个人，并且可以被使用。因此，我能够全心全意去爱这些人"（p.103）。

在对她的扎根理论研究的总结评论中，蒙哥马利（Montgomery，1991）强调说，照料者在帮助人们治疗他们身体上、情感上及心理上的疼痛的过程中要依靠精神的能量和勇气。给予照料"变成了一种自我提升的存在方式"，这样照料者体验到了给予照料的真谛，它来源于内心，在"帮助治愈他人的同时也在治愈我们的心灵"（p.103）。

最后，我想引用斯特劳斯（Strauss，1987）对扎根理论研究的评论："扎根理论的分析……需要以资料为基础。科学的理论首先需要它们能够被构想，其次能够被阐明，最后是能够被检验"。探究的三个方面是归纳、演绎和验证。"首先考虑归纳：洞见、直觉、生成的问题来自哪里？答案：它们来源于经验……来自对现象真正的探索性研究，或者来自已有的研究项目，或者来自从技术文献的知识中获得的理论敏感性。""关于演绎：其成功取决于合乎逻辑地思考的能力"，以及"对受到仔细检查的特定类型的资料的经验……至于验证……它包括关于地点、事件、行为、行动者，还有程序和技术（以及在思考它们时学会的技巧）的知识"（pp.12-13）。

诠释学

对意识和经验的关注, 在民族志、参与式观察以及扎根理论研究中都是必不可少的, 也是诠释学强调的重心。狄尔泰（Dilthey, 1976）在其人文研究导论中声称：

> 所有的科学和学问都是经验性的, 但是所有的经验最初都是由我们的意识联系起来并赋予有效性的……它不可能超越意识, 就好像去看却没有眼睛, 或者将认知的目光投向眼睛后面……从这种观点看, 我们关于整个自然的图像的观点显现为一个隐藏的实在所投射的影子；未被扭曲的实在对我们而言存在于内在体验所给予的意识的事实当中。（p.161）

他补充说："对于知觉的心灵, 外在的世界仅仅保留为一种现象, 但是对于拥有意志、感受和想象的整个人类而言"（**p.162**）, 外在的实在是当下给予的, 就像一个人的自我一样确定无疑。"我们无法通过因果关系的推断来认识这个外在的世界……因与果仅仅是从生活中抽象出来的概念。"（**p.162**）因此, 经验的视域扩展了：最初它似乎仅仅告诉我们关于我们自身的内在状态, 但是在认识自我的过程中, 人们也开始了解外在的世界和其他的人（**p.162**）。

马克瑞尔（Makkreel, 1975）在提到施莱尔马赫的意义时, 评论道：

> 诠释学必须有一个比克服障碍、重获作者初始意图的消极目标更重要的目标。它还必须考虑到对一部作品进行更富成效的批判, 通过揭示这些意图背后的精神基础或者超越它们, 从而使作者的特定意图得到完善。（p.267）

狄尔泰（Dilthey, 1976）接受了施莱尔马赫关于诠释学的一般观点，但补充说，对于诠释学的任务——比作者本人更好地理解他或她自己的经验——而言，一种历史的视角是必不可少的（p.267）。

狄尔泰（Dilthey，1976）认为，为了理解人类经验，除了对经验本身进行描述外，对历史的研究也是必要的，这些经验研究为了形成一个整体需要依赖于历史基础和描述。他强调说："我们必须发现人文研究是如何与人性的事实相关联的……比如，火药的化学效应和站在硝烟中的士兵的道德品质一样，都是现代战争进程的一部分"（p.172）。通过反思政治和经济活动、殖民地以及战争，历史增添了经验的意义。

> 它们用我们周围历史世界的伟大形象来填充我们的灵魂：但在这些叙述中，最令我们触动的是那些感官难以触及而只能在内心深处体验的东西。这是由它产生的外部事件所固有的，反过来又受到外部事件的影响。（Dilthey，1976，p.172）

因此，诠释学涉及文本阅读的艺术，以使表象背后的意图和意义得到充分理解。比如，"在诗意敏感的听众对戏剧的理解和最出色的文学—历史分析之间"（Dilthey，1976，p.182）有一种关系。这种相互关系——对经验直接的、有意识的描述以及用于解释经验的潜在动力或结构——提供了一个使人理解这种经验的实质和本质的核心意义和统一。科学、艺术和历史的相互关系处于诠释学设计和方法论的中心。

伽达默尔（Gadamer，1984）在其《怀疑诠释学》中，援引施莱尔马赫（Schliermacher）的话，将诠释学界定为：

> 一种避免误解的能力，因为，事实上，这就是个体的神秘性。我们永远不能确定也不能证明一个人能正确无误地理

解另一个人的个体表达。然而，即使在浪漫主义时期，当这种对个性的感觉和个体"亲密"变得普遍的时候，人们也从来没有怀疑过，在一个人个性的背后，一些普遍易懂的东西可以再现。（p.57）

为了获得对一份文本的正确理解，诠释学的分析是十分必要的。"没有道德现象，" 尼采惊呼，"只有对现象的道德解释"（Gadamer，1984，p.58）。伽达默尔补充说："它不再是一个文本陈述的明确意义，而是文本及其诠释者在生命保存当中的功能"（p.58），解释揭露了隐藏在客观现象背后的事物。伽达默尔强化了海德格尔对诠释学的强调，表明解释不是一个孤立的行为，而是经验的基本结构。

诠释过程涉及一种循环，借助于诠释学的循环，科学的理解得以发生，通过诠释学的循环，我们得以修正我们的偏见或者将其置于一旁，倾听"文本对我们的言说"（Gadamer，1976，p.xviii）。

在诠释学循环中，我们的偏见基于文本得到纠正，对文本的理解会导致新的偏见。这种导致先入之见的偏见"经常处于危险之中"，它们的屈服也可以被称为一种转换。在"被指导的过程中"，新的先入之见不断形成（Gadamer，1976，p.38）。

文本抑或访谈记录提供了一份关于意识体验的重要描述。为了获得更充分、更有意义的理解，为了"把'在我背后'发生的事情带到我面前"（Gadamer，1976，p.xviii），我们需要对文本进行反思性诠释。反思性诠释的过程不仅包括对显现在意识中的体验进行描述，还包括从历史和美学的方面对解释该体验的潜在条件进行分析和机敏的解释。"我们拥有语言是我们理解向我们言说的文本的本体论条件"（p.xxix）。

对伽达默尔而言，诠释学研究的起点是在艺术和语言学——历史学的洞察中发现的。伽达默尔认为，"从风格史的角度来看，艺术观赏的自主性已经被诠释学的反思所动摇：（1）对艺术本身的概念反思，（2）对个人风格和时代的概念反思……包括固有预设的动摇"，从而使科学进步和新问题成为可能（1976，pp.38-39）。

《迪尤肯现象学心理学研究》（第3卷，1979）的主编吉奥吉、诺尔斯和史密斯（A.Giorgi, R.Knowles, and D.L.Smith），采用了诠释学—现象学的心理学，他们声称：

> 到目前为止，经验—现象学（empirical-phenomenological）心理学是通过收集描述被试者经验（如学习、妒忌、焦虑等）的草稿进行的，然后通过对这些描述系统地、严格地逐步询问，得出经验的结构。诠释学心理学提出了另一种资料来源和一种不同的分析方法。（p.179）

他们还认为，草稿"需要像理解文本那样去理解"（p.180）。分析的过程涉及利科（Ricoeur）的四个标准："1）注重意义，2）在某种程度上与主体（作者）的内心意图（mental intention）分离，3）必须把草稿（文本）作为一个整体、一种相互关联的意义格式塔去把握，4）它们所言说的普遍范围，比如，它们多重解释的可能性"（p.180）。因此，"诠释学的任务在于发现合理的模式，通过此模式，我对所研究现象的体验和理解能够为该现象意义的阐明和解释架起桥梁和通道"（Titelman, 1979, p.188）。

雅格（Jager, 1979）通过诠释学方法对节日庆祝和日常劳动世界进行的研究说明了经验现象学（empirical phenomenology）

的丰富性。雅格在分析神话的构成要素时，追溯到希腊酒神狄奥尼索斯的古老神话，编者对此评论说：

> （雅格）带领我们踏上了一段描述与反思的旅程，在前行中，他展现了庆典和劳动世界的不同面貌。在狄奥尼索斯神话的语境中，他梳理和剖析了寓于道路和深渊、常春藤和无花果、葡萄酒[1]和坟墓之中的人类体验的意义。（Giorgi et al., 1979, p.180）

雅格的研究包含了描述与反思、经验现象学心理学（empirical-phenomenological psychology）的本质要素，"但最主要的是创造性的诠释性活动"（Giorgi et al., 1979, p.180）。

蒂特尔曼（Titelman, 1979）补充说："描述性草稿像文本一样是一种'开放性的工作'，它期待来自不同个人视角的新的诠释，正如历史在其演变中，使已经被描述的经验和事件散发出新的光彩"（p.186）。

经验现象学研究[2]

也许，现象学研究最常见的应用以及人文科学研究中所涉及的理论、概念和过程的发展，都来自《迪尤肯现象学心理学研究》第1卷（Giorgi,

---

1 英文原文"the path and the abyss,the ivy and the fig,the wine,the wine and the grave"中接连出现两次"the wine"，从句法结构上看疑似有误，译为中文后显得累赘，故原文中第一个"the wine"的翻译省略了，以保持译文的流畅。——译者注

2 "经验现象学研究"的英文为"empirical phenomenological research"。这里的"empirical"译为"经验的、实证的"。"经验（empirical）研究"不同于"实证（positive）研究"。虽然两者都可以借助具体的经验数据，但前者重在对事物本身的认识，在现象学研究中特别强调"回到事情本身"；后者旨在对已有理论假设的验证。——译者注

Fischer, & von Eckartsberg, 1971），第2卷（Giorgi, Fischer, & Murray, 1975），第3卷（Giorgi et al., 1979），以及第4卷（Giorgi, Barton, & Maes, 1983）。范卡姆（van Kaam, 1959, 1966）在心理学中应用了经验现象学研究。他研究了感到真正被理解的体验。范卡姆（van Kaam, 1966）要求高中生和大学生回忆一段或多段他们感觉到被他人——如妈妈、爸爸、女朋友或者男朋友——理解的情境。他的重点是获得学生们的情感描述。通过对365份描述中的80份进行分析，他获得了下述"感到真正被理解"的要素。

> 从一个人身上察觉到理解的迹象；察觉到一个人能够对事物之于主体的意义有共同的体验；察觉到这个人接受了这一主体；感觉到满足；先是感觉从孤独的体验中解脱出来；在与善于理解的人建立的关系中感觉到安全；在和善于理解的人进行经验交流时感觉到安全；在和善于理解的人所代表的事物进行经验交流时感觉到安全。（van Kaam, 1966, p.325）

从对这些描述的分析中，范卡姆（van Kaam, 1966）获得了对"感到真正被理解"的一般描述。

> "感到真正被理解"的体验是一种知觉—情感的格式塔：一个主体知觉到，一个人共同体验着事物之于该主体的意义，并接受他，先是感觉从孤独的体验中解脱出来，慢慢地感觉到与这个人及其代表的事物进行经验交流的安全感。（pp.325-326）

范卡姆（van Kaam, 1966）认为，一种预设的强加于实验"对象"的实验设计和统计方法，"通过将有限的理论构建强加给一个既定的行为,可能会歪曲而不是揭示人类行为的全部意义和丰富性"
（p.14）。他强调说：

> 我能够以一种批判的或非批判的方式向现象本身敞开自
> 己。批判的观察方法意味着使用现象学的方法。在理想情况下,
> 这种方法导致了能够被同一心理学领域的专家确认的现象的
> 描述类型和分类。以这种方式进行的研究是前经验的（pre-
> empirical）、前实验的和前统计的；它是体验式的和质性的。
> 它通过减少方法和范畴过早选择所带来的风险,为更准确的
> 经验研究（empirical investigation）奠定了基础；它以对象为
> 中心而不是以方法为中心。这种初步的探究不是取代而是补
> 充了我可以使用的传统的研究方法。（van Kaam, 1966, p.295）

经验现象学方法需要回归体验,以便获得一种全面的描述,从
而为描述体验本质的反思性结构分析提供基础。这种方法"力图揭
示和阐明在当下的知觉中显现自身的行为现象"（van Kaam, 1966,
p.15）。通过解释原初给予的体验发生于其中的情境描述,人文科学
家确定了体验的基本结构。

吉奥吉（Giorgi, 1985）概述了经验现象学方法的两种描述水平：
水平I,原始资料由通过开放的提问和对话所获得的素朴描述构成；
水平II,研究者根据对研究参与者的叙述或故事的反思性分析、解释
来描述体验的结构（p.69）。

用吉奥吉的话说,

> 通过采用一种严格的描述方法,我们能够让现象为其自
> 身说话,当我们这样做时,我们发现,任何显现者都在其显
> 现中暗示着更多没有显现的、被隐藏的东西……现象显现中

的被给予者就是"指向性"，即可供我们获得、追随或背离的一个方向或一种意义。（p.151）[本书此处及其他地方的引用得到迪尤肯大学出版社的许可。]

这种方法的目的在于确定一种体验对于体验者的意义，并能够对其提供一种详尽的描述。从个体的描述中获得一般的或普遍的意义，换言之，即体验的本质或结构。

吉奥吉（Giorgi, 1979）对分析方法的总结如下：

（1）研究者通读学习情境的全部描述，以获得一种整体的感觉。（2）接下来，研究者以较慢的速度阅读同一段描述，并描述每次知觉到的与发现意义的意图相关的意义转变。（p.83）

从上述这一步骤中，研究者可以获得

一系列的意义单元或要素。（3）然后，研究者消除冗余，通过将它们彼此联系起来，并与整体的感觉联系起来，向自己澄清或详细阐述所构成的单元的意义。（4）研究者对给定的单元进行反思，基本上仍然使用主体的具体语言来表达，找出情境对主体而言的本质。每个单元所展现的内容都要受到系统的审视。研究者将每个单元，如果相关的话，转换成心理科学的语言。（5）研究者将获得的见解综合和整合为一种对学习结构前后一致的描述。（p.83）

现象学认识的主要目标是理解特定情境中，对体验的原初描述中隐含的有意义的具体关系。

吉奥吉（Giorgi, 1985）通过下述对学习的情境结构的素朴描述和一般描述阐明了经验现象学的模式。吉奥吉研究中的一位合作研究者[1]（co-researcher）的具体叙事描述了学开车的体验。

素朴描述（Naive Description）

在我 16 岁的时候，学开车对我而言是一件重要的事情，因为它意味着我不再需要别人的交通工具了。所以当我获得学车资格时，我感到非常兴奋。我第一次开车是周日，在一个空旷的购物中心停车场。我首先学习的是如何启动汽车、"PRNDL"代表什么，以及紧急刹车在哪儿。我练习了发动汽车大概五次，开始感觉更自信了一点，尽管汽车看起来还是那么庞大。

现在，我准备好了开始驾车。我再一次紧张起来，开始想也许我还没有准备好开车，也许我应该多练习几次发动汽车，因为我对此充满自信。但是教练向我保证说，我已经准备好了。因此我启动车子，松开紧急刹车，车子移动了几英尺。我记得当时在想："车动了，车动了"，然后感觉到非常害怕，因为我在控制着车子，但是并没有真正意识到我正在做什么。车子移动了几英尺，然后我踩下刹车。车子似乎刹得很急，我们俩猛然向前一扑。我感觉我永远无法平稳地刹车。但是驾车行驶了几英尺之后停下来，我稍微多了些自信。

下一步是开车上路。这是令我感到最恐惧的时刻。车子看起来像一艘大船。我想象着它失去控制或者我撞上了另一

1　与量化研究或实验研究不同，在质性研究中，没有被试或研究对象，有的只是研究参与者（participant）或合作研究者（co-researcher）。与量化研究或实验研究的操纵与控制不同，质性研究当中的倾听与理解体现了对研究参与者的充分尊重。现象学研究将研究参与者视为合作研究者，更加尊重研究参与者对学术研究所做出的贡献。——译者注

辆车。当我在车流中继续行驶时，我感觉我的车占据了整条公路——我占据了全部四个车道。每个人好像都在超过我——我似乎比其他任何人开得都慢——但如果我开得快一些的话，我害怕汽车将会失去控制。车子似乎也不能保持直行。我不得不一直转动方向盘来保持直线行驶。当该我变换车道超车的时候，我总是害怕他们的车子会进入我的车道撞上我，或者我无法回到另一车道。车子看起来像庞然大物，我感觉不能控制它。

学会开车以后——更重要的是只管开——车子看起来不再那么庞大，我可以看到它与路上的其他车辆并没有什么不同。我也开始意识到车子可以一直保持直行，并不需要我一直转动方向盘，当我超过其他司机时，他们仍然留在他们的车道上。

与路的宽窄和其他车辆相比，我能够从正确的视角来看待我自己的车。（Giorgi，1985，pp.60-61）

对学习的情境结构的一般描述

学习就是基于对项目持续至关重要的隐性假设与在同样情境下对他人在项目中行为的感知和理解之间的差异，意识到重新组织个人项目的必要性。这也被S发现的事实所证明，即他前反思地、模糊地扮演着两个相互冲突的角色，这些角色与卷入这一项目中的其他人有关，也与S规避困难——通过想象自己可以选择以一种明确的方式，按照优先确定的角色来完成项目——的能力有关。（Giorgi，1985，p.60）

冯·埃卡斯伯格对经验现象学研究所包含的步骤概述如下：

步骤1：阐述研究课题或问题——现象。研究者描述研究的焦点……以一种他人能够理解的方式来表述研究问题。

步骤2：资料生成的情境——生活文本的草稿……研究者从被视为合作研究者的研究对象所提供的描述性叙事开始……我们询问这个人并进行对话，或者我们把两者结合起来。

步骤3：资料分析——阐释与诠释。资料一旦收集，就会被阅读和仔细检查，以揭示它们的结构、意义构建、连贯性，以及它们发生和收集的环境……重点是对意义构建的研究……涉及意义的结构以及意义是如何产生的两个方面。（von Eckartsberg，1986，p.27）

我将以冯·埃卡斯伯格（von Eckartsberg, 1986）对和解体验的基本意义结构的详细描述来结束本节关于经验现象学心理学的内容。

一种持续存在的、亲密的和彼此重视的人际关系，由于双方在某个问题上的争吵而破裂，并成为难以化解的问题。持续的面对面的接触取消了，一种自以为是的对关系破裂原因的解释形成了，把关系破裂的责任归咎于另一方是典型的做法。很多人都否认这一点。突发的事件或危机常常发生在其中一方身上，它打破僵局，提醒对方不断地宣称这种关系，提醒对方生活在紧张以及相互排斥之中。对这段关系的重新认识迫使人们重新考虑自己的态度、价值观，以及投入。如果其中一方改变了主意或对情况的看法，能够改变他（她）僵化的或者刻板的认识和评价，承认并承担关系破裂的部分责任，那么重新接触和和解行动将成为可能，即可以想象和实现。

促进和解的提议一旦开始，就必须得到另一方的承认和回应，这样才能产生关键的面对面的交流。这种交流需要在一个非常脆弱、开放和冒险的场合和时刻，用如此多的话语和手势，对罪过和愚蠢进行忏悔，表达后悔和悲伤，并请求原谅。当尝试开始对话时，另一方有权选择拒绝。另一方接受的回应使双方在相互承认的戏剧性时刻达成和解，并且持续共享的亲密感和共同创造力可以在一种改善的关系中重新获得。（p.115）

启发式研究

在拙著《启发式研究：设计、方法论和应用》（1990）中，我对启发式研究的起源概述如下：

当我寻找一个词能够真正包含人类体验研究的基本过程时，启发式研究闯入了我的生活。"启发式的（heuristic）"一词的根义源于希腊语"heuriskein"，意指揭示或发现。它指的是一种内心探寻的过程，通过这一过程，人们发现了体验的本质和意义，并为进一步的研究和分析开发出方法和程序。研究者的自我是贯穿于整个研究过程中的，随着对现象理解的逐渐深入，研究者也体验到自我意识和自我认识的不断增强。启发式过程包含创造性的自我发展和自我发现。

"启发式的（heuristic）"的近义词是"尤里卡（eureka）"，希腊数学家阿基米德对浮力原理的发现就是一个例证。当他在洗澡时，体验到一种突然的、惊人的顿悟——"啊哈"的现象，然后他光着身子沿街奔跑，嘴里喊着"尤里卡（eureka）！"这一发现过程将研究者引向关于人类现象的新意象和新意义，以及与他们自身的体验和生活相关的认识。

　　作为研究人类体验的一种有组织的、系统的方式，启发式研究始于《孤独》（1961）的出版，在我对《孤独和爱》（1972）以及《触摸孤独》（1975）的探究中得以继续。其他影响启发式研究方法论的著作包括马斯洛（Maslow，1956，1966，1971）对个人自我实现的研究和朱拉德（Jourard，1968，1971）对自我表露的研究。在启发式概念的发展中，同样重要的研究还有波兰尼（Polanyi，1964，1966，1969）对默会维度的阐明，以及内在的与个人的知识（Polanyi，1962）；布伯（Buber，1958，1961，1965）关于对话和相互关系的探究；布里奇曼（Bridgman，1950）对主观—客观真理的描述；简德林（Gendlin，1962）对体验的意义的分析。罗杰斯对人文科学的研究（Coulson & Rogers，1968；Rogers，1969，1985）为《个性与遭遇》（Moustakas，1968）和《节奏、仪式和关系》（Moustakas，1981）中提出的启发式研究范式增加了理论和概念的深度。（Moustakas，1990，pp.9-10）

在《启发式研究》中，我讨论了启发式研究的各个阶段：

　　启发式研究的过程始于一个研究者想要阐明或回答的问题或课题。这个问题一直是个人在寻求理解自我和自己生活的世界时所面临的挑战和困惑。启发式过程是自传式的，然而几乎每一个重要的问题都具有一种社会的——或许也是普遍的——意义。

　　启发法是一种通过旨在发现的方法和过程来从事科学研究的方式；是一种自我探究及与他人对话的方式，旨在发现重要的人类体验的潜在意义。意义和知识最深层的涌流通过个人的感觉、知觉、信念和判断而发生。这需要一种热情、自律的承诺，强烈且持续关注一个问题，直到问题得到阐明或回答。（p.15）

启发式研究的六个阶段引导着研究的展开，构成了基本的研究设计。它们包括：初步了解、沉浸于主题和问题、酝酿、启发、阐释，并以一种创造性的综合作为研究的结果。（p.27）

启发式研究者一再地返回到资料中，核查对体验的描述，以确定从资料中得出的特质或要素是否包含了必要及充分的意义。启发式研究者"对意义的不断评估"以及"核查和判断"有助于实现对所研究的体验进行有效描述的过程。这些举措使研究者能够反复验证，对现象的阐释以及对本质和意义的创造性综合确实描述了所研究的现象。（p.33）

在启发式研究中，通过回到研究参与者，与他们分享从逐字转录的访谈和其他材料的反思和分析中获得的现象的意义和本质，并寻求他们对全面性和准确性的评估，验证得以增强。（pp.33-34）

在区分迪尤肯研究[1]和启发式研究中的经验现象学研究时，以下几点是很明显的：

1. 迪尤肯研究聚焦于被研究的体验发生的情境，而启发式研究是一种完全开放的研究，其中最典型的是研究参与者对现象进行广泛深入的探究，启发式研究很少使用单一的案

1　迪尤肯（Duquesne）又译为杜肯。在现象学心理学领域，最具影响力的是以迪尤肯（杜肯）大学的学者为代表所形成的迪尤肯（杜肯）学派，代表人物有冯·埃卡斯伯格（von Eckartsberg,R.），吉奥吉（Giorgi,A.），范卡姆（van Kaam,A.）和穆斯塔卡斯（Moustakas,C.）等。"杜肯大学特别以出版现象学和相关质性研究方法的方法论模型而闻名。""穆斯塔卡斯将他的现象学方法称为'启发式研究'，以便与吉奥吉、范卡姆等人的现象学方法相区分。穆斯塔卡斯推荐自己的启发式和更加叙事性的探究，而不是他在杜肯大学的同事们的严格科学的现象学和更加解释学的研究"。（详见：范梅南.实践现象学：现象学研究与写作中意义给予的方法 [M].尹垠，蒋开君，译.北京：教育科学出版社，2018:262-265.）——译者注

例或情境来描述研究参与者的体验。

2.在迪尤肯研究中，研究者寻求对体验的描述，而在启发式研究中，研究者除了叙事性的描述，还力图获得自我对话、故事、诗歌、艺术品、日志和日记，以及其他描述体验的个人文件。

3.迪尤肯研究致力于构建体验的结构，而启发式研究旨在获得贴近个人故事的综合描述而非阐明情境结构的动力。启发式研究以一种创造性的综合作为结束，迪尤肯现象学研究以一般性的结构描述作为结束。

4.在迪尤肯研究中，合作研究者个人在诠释和结构分析的过程中消失了，而在启发式研究中，研究参与者在资料的检查中依然清晰可见，尤其是在个人描述中，他们继续作为一个整体而被描述。（Douglass & Moustakas，1985）

启发式研究也不同于诠释学思想。在启发式研究中，重点是专门持续地以理解人类体验为目标。研究参与者以不断增强的理解和洞察力讲述他们个人的故事，从而贴近对其体验的描述。通过主要研究者和其他研究参与者之间的互动、探讨和阐明，描述本身获得了深度和意义。研究只考虑合作研究者关于现象的体验，而不考虑历史、艺术、政治或者其他的人类事业如何说明和解释体验的意义。启发式研究者和研究参与者的生活体验不是一个被阅读或被解释的文本，而是用一种生动、活泼、精确和有意义的语言描述的一个完整的故事。这个故事可以通过诗歌、歌曲、艺术作品，以及其他的个人文件和创作得到进一步阐明。描述本身是完整的。解释不仅没有给启发性知识增加任何东西，反而从体验的性质、根源、意义和本质中消除了活力和生命力。

在整理和综合来自启发式研究的资料时，研究者把访谈转录稿、笔记、诗歌、艺术品以及个人文件收集到一起，并把它们整理成一个能够讲述每位研究参与者故事的序列。从这些个体的叙述中，个体的文字描述包括合作研究者的传记背景得以创建。从个体的叙述和描述中，一份代表整个合作研究者群体体验的综合描述得以形成。根据他或她对所有叙述和描述的研究以及个人对体验的认识，主要研究者发展出了一种创造性的综合。

贝克尔（Becker, 1993）遵循启发式研究模式，研究了精神科护士在工作场所中应对压力的体验。她对在一所大都会医院的精神科工作的10名注册护士进行了集中访谈。从她对护士应对压力体验的个体描述中，她发展出了下列综合描述。

> 体验的综合描述是通过沉浸、研究与专注于每位合作研究者所呈现的现象体验的过程而形成的。在这一过程中的某一时刻，渗透在整个合作研究者群体体验中的特质、核心主题和本质被理解，并且一份普遍的描述被构建。（Moustakas, 1990, p.68）

精神科护士的世界常常被认为是一个有着很多障碍的地方。外在的世界以各种不同的方式被体验，一个人必须克服所有这些障碍。

工作场所中精神科护士的体验涉及满足他人的期待。精神科护士隐瞒真实的想法或者不能按其真实的想法去做或去说。精神科护士的内心世界充满着焦虑和无力感。病人和其他心理健康工作者不断地要求她们给予关注。每一个人都想从护士那里索取，以至于她们整天越来越感觉到萎缩和无力。

外在世界并不认可精神科护士，比如，家属并没有感觉到护士们在全力以赴地改善他们亲人的消极行为。家属和病人不断地要求护士做无法做到的事情。当她们不能满足病人、家属和医院的要求时，精神科护士就会备感沮丧和不知所措。

这种沮丧和无能为力会导致倦怠。精神科护士感觉无法再承受科室压力时，通常会要求转到另一个科室。她的压力来自同事和心理健康工作者的持续要求。

（她们的）内心世界受到很大影响，常常与外在的世界相冲突。护士们表达了她们的感受，她们没有被给予运用自己的知识和经验的充分权力。她们描述的感觉是不真实的，也无法表达自己的真实感受，特别是那些焦虑和恐惧。

这些护士陈述说，她们避免与自我接触，很少以人的身份与病人互动。她们必须对外在的世界装模作样，表现出勇敢和坚强。对真实情感的掩饰本身产生了压力，分裂了内在和外在体验的界限。这种分裂引起了自我怀疑并使压力加剧。精神科护士隐瞒了她们真实的想法和感受，忍受着由此产生的异化、紧张和冲突。

在积极的方面，精神科护士在面对日益加剧的压力和焦虑时，有能力去做被要求做的事情，这促成了一种坚强和忍耐的意识。实际上，这已经被我的合作研究者多年的服务和她们的信念——尽管感到无能为力，尽管感到恐惧和焦虑，尽管感到不知所措，但她们坚信自己已经为病人的安全防范、安全状态和生活质量做出了贡献——所证实。（Becker, 1993）

人文科学研究的共同特征

本章介绍了民族志、扎根理论研究、诠释学、经验现象学和启发式研究等研究模式。这些模式具有某些不同于传统的、自然科学的、量化研究的理论和方法论的共同特征。这些共同特征包括：

1.承认质性设计和方法论的价值，研究依靠/凭借量化研究难以获得的人类体验。

2.聚焦于体验的整体性，而不是只关注它的对象或部分。

3.寻求体验的意义和本质，而非测量和解释。

4.通过正式和非正式的对话，以及访谈中的第一人称叙述来获得对体验的描述。

5.将体验的资料视为理解人类行为的必要条件以及科学研究的证据。

6.阐述的研究问题或课题反映了研究者的兴趣、卷入和个人承诺。

7.将体验和行为视为主体与客体、部分与整体之间一种完整的不可分割的关系。

作为本书现象学研究方法的重点，先验现象学模式的开发也受到上面列出的共同特征的引导。然而，主要的区别在于开展质性研究的先验现象学视角以及资料收集和分析的方法。

遵循先验现象学取向的研究者，付诸严格、系统的努力以搁置对所研究现象的预判（这被称为悬置过程），以便在实施研究时尽可能地避免以往经验和专业研究对该现象的成见、信念和认识——以便在聆听研究参与者描述他们对被研究现象的体验时，保持完全的开放、接纳和无知（naive）。

　　另一个主要的区别是，在获得构成体验基础，说明并理解特定的知觉、情感、思想和感官意识——就一种具体的体验而言，可以是嫉妒、愤怒或者喜悦——在意识中是如何被唤起的动态图像时，对直观、想象和普遍结构的强调。本书介绍了先验现象学模式的分析方法，并把它与其他研究取向区别开来。

　　接下来的章节将详细介绍先验现象学模式——理论、概念、过程、设计、方法论，以及我自己对这一作为人文科学研究指导框架的模式的发展和运用的范例。

参考文献

Addison, R. B. (1989). Grounded interpreted research: An investigation of physician socialization. In M. J. Parker & R. B. Addison (Eds.), *Entering the circle: Hermeneutic investigation in psychology*(pp. 39-57). New York: SUNY Press.

Becker, J. (1993). *The experience of psychiatric nurses coping with stress at the workplace.* Unpublished doctoral dissertation, The Union Institute, Cincinnati, OH.

Benedict, R. (1959). *Patterns of culture.* New York: New American Library.

Bogdan, R., & Taylor, S. (1975). *Introduction to qualitative research methods.* New York: John Wiley.

Bridgman, P. (1950). *Reflections of a physicist.* New York: Philosophical Library.

Buber, M. (1958). *I and thou.* New York: Scribners.

Buber, M. (1961). *Tales of Hasidim: The early masters*(O. Marx, Trans.). New York: Schocken.

Buber, M. (1965). *The knowledge of man.* New York: Harper & Row.

Coulson, W., & Rogers, C. R. (Eds.). (1968). *Man and the science of man.* Columbus, OH: Charles E. Merrill.

DiGregorio, J.(1983). *A psychological investigation of deinstitutionalization.* Doctoral dissertation, Union for Experimenting Colleges and Universities,

1983. (University Microfilms International, 8404643).

Dilthey, W. (1976). *Selected writings* (H. P. Rickman, Ed. & Trans.). Cambridge: Cambridge University Press.

Douglass, B., & Moustakas, C. (1985). Heuristic inquiry: The internal search to know. *Journal of Humanistic Psychology*, 25(3), 39-55.

Gadamer, H. G. (1976). *Philosophical hermeneutics* (D. E. Linge, Ed. & Trans.).Berkeley: University of California Press.

Gadamer, H.G. (1984). The hermeneutics of suspicion. In G. Shapiro & A. Sica (Eds.), *Hermeneutics: Questions and prospects* (pp. 54-65). Amherst: University of Massachusetts Press.

Gendlin, E. (1962). *Experiencing and the creation of meaning*. Chicago: Free Press.

Giorgi, A. (1979). The relationships among level, type, and structure and their importance for social science theorizing: A dialogue with Shutz. In A. Giorgi, R. Knowles, & D. L. Smith (Eds.), *Duquesne studies in phenomenological psychology* (vol.3, pp.81-92). Pittsburgh: Duquesne University Press.

Giorgi, A. (Ed.). (1985). *Phenomenology and psychological research*. Pittsburgh: Duquesne University Press.

Giorgi, A., Fischer, W. F, & Von Eckartsberg, R.(Eds). (1971). *Duquesne studies in phenomenological psychology* (vol. 1). Pittsburgh: Duquesne University Press.

Giorgi, A., Fischer, C, & Murray, E. (1975). *Duquesne studies in phenomenological psychology* (vol. 2). Pittsburgh: Duquesne University Press.

Giorgi, A., Knowles, R, & Smith, D. L. (Eds.) . (1979). *Duquesne studies in phenomenological psychology*(vol .3). Pittsburgh: Duquesne University Press.

Giorgi, A., Barton, A, & Maes, C. (Eds.). (1983). *Duquesne studies in phenomenological psychology* (Vol. 4). Pittsburgh: Duquesne University Press.

Glaser, B., & Strauss, A. L. (1967). *The discovery of grounded theory: Strategies for qualitative research*. New York: Adeline.

Holmes, P. (1993). *The experience of homelessness*. Unpublished doctoral dissertation, The Union Institute, Cincinnati, OH.

Jager, B. (1979). Dionysius and the world of passion. In A. Giorgi, R. Knowles, & D. L. Smith (Eds.), *Duquesne studies in phenomenological psychology* (vol.3, pp.209-226). Pittsburgh: Duquesne University Press.

Jorgensen, D. L. (1989). *Participant-observation: A method for human studies*. Newbury Park, CA: Sage.

Jourard, S.(1968). *Disclosing man to himself.* New York: Van Nostrand.

Jourard, S. (1971). *Self-disclosure: An experimental analysis of the transparent self.* New York: Wiley-Interscience.

Lofland, J. (1971). *Analyzing social settings.* Belmont, CA: Wadsworth.

Makkreel, R. A. (1975). *Dilthey: Philosophies of the human studies.* Princeton, NJ: Princeton University Press.

Maslow, A. H. (1956). Self-actualizing people: A study of psychological health. In C. Moustakas (Ed.), *The self* (pp. 160-194). New York: Harper & Brothers.

Maslow, A. H. (1966) *The psychology of science.* New York: Harper & Row.

Maslow, A. H. (1971). *The farther reaches of human nature.* New York: Viking.

Mead, M. (1928). *Coming of age in Samoa.* New York: William C. Morrow.

Mead, M. (1975). *Growing up in New Guinea.* New York: William C. Morrow.

Montgomery, C. L. (1990). Nurse's perceptions of significant caring communication encounters. *Dissertation Abstracts International*, 51-07A, 2198. (University Microfilms No. AAD 90-300091)

Montgomery, C. L. (1991). The care-giving relationship: Paradoxical and transcendent aspects. *The Journal of Transpersonal Psychology*, 13(2), 91-104.

Moustakas, C. (1961). *Loneliness.* Englewood Cliffs, NJ: Prentice Hall.

Moustakas, C. (1968). *Individuality and encounter.* Cambridge, MA: Howard Doyle.

Moustakas, C. (1972). *Loneliness and love.* Englewood Cliffs, NJ: Prentice Hall.

Moustakas, C. (1975). *The touch of loneliness.* Englewood Cliffs, NJ: Prentice Hall.

Moustakas, C. (1981). *Rhythms, rituals, and relationships.* Detroit, MI: Center for Humanistic Studies.

Moustakas, C. (1990). *Heuristic research:Design, methodology, and applications.* Newbury Park, CA: Sage.

Patton, M. (1990). *Qualitative evaluation and research methods.* Newbury Park, CA:Sage.

Polanyi, M. (1962). *Personal knowledge.* Chicago: University of Chicago Press.

Polanyi, M. (1964). *Science,faith and society.* Chicago: University of Chicago Press.

Polanyi, M. (1966). *The tacit dimension.* Garden City, NY: Doubleday.

Polanyi, M. (1969). *Knowing and being* (M. Grene, Ed.). Chicago: University of Chicago Press.

Rogers, C. R. (1969). Toward a science of the person. In A. J. Sutich & M. A. Vich (Eds.), *Readings in humanistic psychology* (pp. 21-50). New York: Macmillan.

Rogers, C. R. (1985). Toward a more human science of the person. *Journal of Humanistic Psychology.* 24(4), 7-24.

Strauss, A., & Corbin, J. (1990). *Basics of qualitative research: Grounded theory, procedures and techniques.* Newbury Park, CA: Sage.

Strauss, A. L. (1987). *Qualitative analysis for social scientists.* New York: Cambridge University Press.

Titelman, P. (1979). Some implications of Ricoeur's conception of hermeneutics for phenomenological psychology. In A. Giorgi, R. Knowles, & D. L. Smith (Eds.), *Duquesne studies in phenomenological psychology* (Vol. 3, pp. 182-192). Pittsburgh: Duquesne University Press.

van Kaam, A. (1959). Phenomenal analysis: Exemplified by a study of the experience of "really feeling understood." *Journal of Individual Psychology,* 15(1), 66-72.

van Kaam, A. (1966). *Existential foundations of psychology.* Pittsburgh: Duquesne University Press.

Van Maanen, J. (1982). Fieldwork on the beat. In J.Van Maanen, J. M. Dabbs, & R. R. Faulkner (Eds.), *Varieties of qualitative research* (pp.103-151). Beverly Hills, CA: Sage.

Van Maanen, J., Dabbs, J. M., Jr., & Faulkner, R. R.(1982). *Varieties of qualitative research.* Beverly Hills, CA:Sage.

von Eckartsberg, R. (1986). *Life-world experience: Existential-phenomenological research approaches to psychology.* Washington, DC: Center for Advanced Research in Phenomenology & University Press of America.

Wolf, D. R. (1991). High-risk methodology: Reflections on leaving an outlaw society. In W. B. Shaffir & R. A. Stebbins (Eds.), *Experiencing fieldwork* (pp. 211-223). Newbury Park, CA:Sage.

2.

先验现象学：概念框架

在对先验现象学的这种沉思冥想中，我特别赞赏埃德蒙德·胡塞尔（Edmund Husserl），他卓越无比、意志坚定，开拓了哲学和科学的新领域。他发展了一种植根于主观开放性的哲学体系，一种受到批判和嘲笑的激进的科学方法。然而，在胡塞尔的整个职业生涯中，他一直保持着坚强，不断扩展他的思想，并最终以沉默回应所有坚持自己固有的哲学，只看到胡塞尔思想的缺陷和不足的批评者。胡塞尔自己也意识到，他的工作对于封闭的思想、对于那些还不了解一个"不幸爱上哲学的人"的绝望的人们而言，是毫无价值的（1931，p.29）。这种对"哲学的热爱"也吸引了我，并激发了我在知识发现和人文科学的理论及应用中运用现象学的强烈愿望。

曾有一段时间，我以胡塞尔所建议的方式变成了一个孤立的人，完全缩进自我之中，通过对体验的集中研究以及自我的反思能力来试图获得科学知识。我试图把自己置于胡塞尔先验现象学的世界中，然而却意识到，我自己的知识和经验，在一种自由、开放和富有想象力的意义上，最终决定着那些将长期存在的核心思想和价值观。

根据科克尔曼斯（Kockelmans，1967，p.24）的观点，"现象学"

这个术语早在1765年就运用于哲学中，偶尔出现在康德的著作中，但只有黑格尔为其构建了明确的专门意义。对黑格尔来说，现象学指的是在意识中显现的知识，即描述一个人在即时的意识和体验中所知觉、感觉和认识的东西的科学。这一过程通过"迈向关于绝对的绝对知识"（Kockelmans, 1967, p.24）的科学和哲学，导致了现象意识的演变。

然而，不是黑格尔，而是笛卡尔在很大程度上影响了胡塞尔，特别是胡塞尔对悬置概念的发展。悬置需要消除假设，并使知识超越一切可能的怀疑。对胡塞尔而言，正如对康德和笛卡尔一样，基于直观和本质的知识优先于经验知识（empirical knowledge）。尽管笛卡尔的怀疑被转换成胡塞尔的悬置，但是两位哲学家都认识到返回自我的重要价值，即当事物显现时，发现事物的本质和意义。只有一个确定性的来源存在，即我的所思、我的所感，实质上就是我所知觉的东西（Lauer, 1967, p.155）。胡塞尔坚称："最终，所有真正的特别是所有科学的知识都取决于内在的明见性：这种明见性延伸得越远，知识的概念也会随之延伸得越远"（1970, p.61）。

意识中的显现者即现象。"现象（phenomenon）"这个词来源于希腊语"phaenesthai"，意为闪耀、展现自身、显现。现象（phenomenon）由"斐诺（phaino）"构造而成，意指带到光亮处、置于明亮处、在其本身中展现自身，在阳光下展现我们面前的一切（Heidegger, 1977, pp.74-75）。因此，现象学的口号是"回到事情本身"。宽泛地讲，显现者为经验（experience）及生成新知识提供了动力。现象是人文科学的基石和所有知识的基础。

任何现象都代表了一个合适的研究起点。在我们对事物的知觉中，被给予者就是它的显象，但这并不是一种空洞的幻觉。它可以被当作一门科学的基本起点,这门科学寻求任何人都可以验证的有效确定性(Husserl, 1931, p.129)。

胡塞尔思想中主观和客观知识的交织也受到笛卡尔对客观实在态度的影响,"对象被认为拥有客观实在性,只要它存在于思想的表象中……因为客观实在性(即表象的实在性)事实上是一种主观实在性"(1912/1988, p.249)。换言之,对对象实在性的知觉取决于主体。

胡塞尔关注认识中意义和本质的发现。他认为,在事实和本质之间、实在与非实在之间存在着鲜明的对比。他坚称:"本质一方面提供了关于实在本质的知识,另一方面,就剩余领域而言,则提供了非实在本质的知识"(1931, p.45)。

人文科学研究者所面临的挑战是描述事物本身,允许眼前的事物进入意识,通过直观和自我反思理解它的意义和本质。这一过程需要融合真实的存在与从可能意义的角度想象的存在,因此是一种真实和想象的统一。

从个体的或经验的(empirical)体验向本质洞见的转化是通过一种特殊的过程发生的,胡塞尔称之为"观念化"(Kockelmans, 1967, p.80)。在意识中显现的对象实际上与对象本身混合在一起,所以意义得以创造,知识得以扩展。因此,意识中的存在和世界中的存在之间有一种关联。意识中的显现者是一种绝对的实在,而世界中的显现者则是认识的一种产物。

胡塞尔(Husserl, 1931)提供了这样一个关于意识中显现的意向对象以及自然界中被给予对象的例子。

在昏暗的灯光下,我的面前放着一张白纸,我观察它,触摸它。这种对这张纸知觉上的观察和触摸，正如实际上被给予的一样，就是对眼前这张纸充分具体的体验……这种相对缺乏的清晰性，这种不完美的定义，从这个特定角度向我显现——这是一种思，一种意识体验。这张纸本身具有它客观的属性，它空间上的延展性，它相对于空间事物——指我的身体——的客观位置，这不是我思，而是所思，不是知觉体验，而是被知觉的对象。（p.116）[本书此处和其他地方的引用得到 Unwind Hyman 的许可]

胡塞尔（Husserl, 1977）并没有声称先验现象学是认识人类体验的唯一方法，而是强调它是一门用系统的具体原则来实现纯粹可能性的科学，它先于经验科学（empirical science）、事实科学，并使其成为可能（p.72）。

意向性

胡塞尔的先验现象学与意向性概念紧密相关。在亚里士多德的哲学中，"意向"这个术语意指心灵对对象的朝向。这个对象以一种意向的方式存在于心灵中（Kockelmans, 1967, p.32）。就知觉而言，意向活动"就是对某物的知觉……判断即对某一事态的判断；评价即对某种价值的评价；期望即对所期望内容的期望"（Husserl, 1931, p.243）。

胡塞尔超越了布伦塔诺的主张，即认为"意向性是'心理现象'的根本特征"，从而为一门描述的先验意识哲学奠定了基础（Husserl, 1977, p.41）。尽管布伦塔诺认为，当一个人从知觉上体验一个对象时，这个对象总是存在的，但胡塞尔却持相反的意见，他认为，对象也许是想象的，根本不存在。他们两人一致认为指向性是意向性的内在特征，心灵直接指向对象，而不管这些对象存在与否。对象，无论是真实的还是想象的，就是需要被指向的任何事物（Miller，1984，p.223）。

意向性是指意识、意识到某物的内在体验。因此，意识活动和意识对象在意向性上是相关联的。在对意识的理解中包含着重要的背景因素，如快乐的萌芽、早期判断的形成或者最初的期望（Husserl，1931，pp.243-244）。

意向性知识需要我们对自己以及世界中的事物在场，需要我们承认自我和世界是构成意义不可分割的要素。正如科克尔曼斯（Kockelmans，1967）指出："意识本身除了对他者的开放性和指向性，不可能成为任何东西……这样看来，意识似乎不是纯粹的内在性，而应该被理解为一种自我超越（going-out-of-itself）"（p.36）。

意向行为是客体化的行为，而感受行为是非客体化的。史密斯（Smith，1981，p.87）用惊奇的感受行为介绍了感知夜空的意向。即使当惊奇的感受消失时，对夜空的感知依然存在。夜空作为一种具体的、独立的意向体验保持着开放性，而惊奇的感受行为可能继续存在，也可能不再存在。

下面阐明意识行为的例子也来自史密斯（Smith，1981，p.88），想象一下目睹美丽风景的喜悦体验。风景是质料，风景也是意向活动（比如知觉意识）的对象，质料使风景成为一个明显的对象，而不是仅仅存在于意识之中。

解释的形式是能够使风景显现的知觉，因此，风景是自我给予的——我的知觉创造了它，并使它存在于我的意识之中。客体化的特征是风景存在的事实，同样的，非客体化的特征是风景在我心中唤起的喜悦感。

每一种意向性都是由意向对象和意向活动构成的。意向对象并非真实的对象，而是现象，不是树，而是树的显象。在知觉中显现的对象根据知觉的时间、知觉的角度、体验的背景，以及知觉个体的期望、意愿或者判断的方向而变化（Gurwitsch, 1967, p.128）。古尔维奇指出，不同的知觉"进入一种彼此认同的综合……进入这一真实的事物本身"（p.129）。一个人可能从多个角度观察一个对象，如前面、侧面或者背面，以一棵树为例，知觉的综合意味着一棵树作为同一棵树将持续地展现自身。这棵树就在那里，存在于时间和空间中，而对树的知觉却存在于意识中。无论何时、何种方式，也无论哪些要素或者何种知觉、记忆、期望或判断，意向对象的综合（知觉的意义）使得体验者持续地把这棵树仅仅作为这棵树而非其他的树。

每一种意向体验也是意向活动，"正是它的本质特性使其在自身中包含着某种'意义'，它可能有多种意义"（Husserl, 1931, p.257）。通过原初的意向活动，最初的潜在意义可能在以后的阶段得到发展，这些阶段本身就变得有意义（Husserl, 1931, p.257）。

在考虑意向对象—意向活动的关联时，问题依然是：

> "被如此知觉的"是何物？它以意向对象的身份包含了哪些本质阶段？在完全臣服于实际被给予者的等待过程中，我们赢得了对我们问题的答复。然后，我们根据完全的自我明见性就能如实地描述"如此显现的事物"（Husserl, 1931, p.260）。

这个"被如此知觉的事物"即意向对象；"完全的自我明见性"即意向活动。它们之间的关系构成了意识的意向性。对于每一个意向对象，都有一个意向活动；对于每一个意向活动，都有一个意向对象。在意向对象方面，是对真正呈现在意识当中的事物进行揭示和阐明，使其得以展现，变得清楚，并得到澄清。在意向活动方面，是对意向性过程本身的阐明（Husserl, 1977, p.46）。意向对象方面的意义在知觉中是不断变化的，某物所意味的远远多于最初明言的意义。事物意义的综合是通过对贯穿于不同角度的视觉和知觉的整体的持续感知来实现的。

例如，当下自发的意向对象的意义——我将其与医师推荐药物作为一种解决身体紧张的方法相联系——是对生理和心理后果的猜疑、怀疑、想象，是有害的化学物质对我身体的侵入，是对我自然治愈过程的干预，是通过外在力量对我命运的控制，是从一个缺少充分证据的权威（他/她所提供的建议是帮助而不是伤害）那里获得我生活的方向。我意识到安慰剂常常与药物一样有效，是对干扰饮食、睡眠和其他重要体验的残余后果的唤醒。

当我考虑用于解释意向对象意义的意向活动的因素时，我回想起在我遭受感染带来的巨大疼痛时两位医生给我注射药物的经历。有一次，我的脸肿得像气球一样，以至于我无法张开嘴，瘫痪了大约3天——直到药物排出我的身体系统，自然治愈的过程才被激活。在第二次经历中，与药物相关的意向对象的意义得到进一步强调，当我使用医生所开的药物来控制因车祸导致的颈背疼痛时，我体验到明显的定向障碍。若不付出相当大的努力，我就不能集中注意力。我扭曲了距离。我不能再开车了。另一个强调意向对象的例子是，我目睹了我的妹妹在好几个月内不停地使用药物来控制她的幻觉，而导致病情急剧的恶化，药物最终摧毁了她的理性和职业技能，以及控制身体功能的能力。我认为药物在她很小的时候就"杀害"了她。

意向对象—意向活动关系的解决，现象的纹理（意向对象）维度和结构（意向活动）维度[1]，以及意义的产生是意向性的一项基本功能。布兰德（Brand, 1967）评论说："在每一种体验中，意向性同时作为隐性的前摄和回忆起作用"（p.198）。起初发挥作用的意向性是完全匿名的；它被隐藏起来；"它的实质仍然被遮蔽着，还没有被揭示"（Brand, 1967, p.199）。在把握体验的意义时，我们卷入到起作用的意向性过程中。我们揭示现象的意义，将它们从自然态度的匿名性中拯救出来，使它们走向一个包容的意识整体。古尔维奇（Gurwitsch, 1967）提供了下面的例子来澄清意向对象—意向活动的关系、意向性的相互关系。

> 现在让我们假设，我正从房子前面的大街上知觉这一特定的房子，我实际上所能看到的仅仅是房子的正面。接下来，如果我想获得关于这一房子外在表象的更多认识，那么唯一的可能是，求助于不断更新的"部分知觉"，每一个部分将分别呈现这个房子的某一方面……很显然，被知觉的事物不会在其任何一个侧面中穷尽自身，而是在每一个具体的行为中都得到意指，尽管没有那么有效，但在任何特定行为中所知觉的事物在所有情况下都保持不变。在这种特定的知觉行为或意向活动中，一旦这一特定的立场被假定，这个房子实际上总是以这种特定的侧面显现自身。但尽管如此，每一个具体的行为所指向的不只是这一特定的侧面，还指向作为整体的房子。（Gurwitsch, 1967, pp.140-141）

总结一下意向性的挑战，下述过程便凸显出来：

1　英文"textural"和"structural"都有"结构、构造"的意思。但是作者使用这两个词所指涉的对象有所不同，意义也存在本质的差别（参见本书第4章中的"纹理和结构"部分）。为了在译文上加以区分，本书将"textural"译为"纹理的"，而将"structural"译为"结构的"。——译者注

1. 阐明引导我们体验的意义（sense）；

2. 辨别意识的特征，这些特征对于意识中我们面前的对象（真实的或想象的）的个性化是必不可少的；

3. 解释关于这些对象（真实或想象）的信念是如何获得的，我们是如何体验我们正在体验之物的（意向活动）（Miller，1984，p.8）；

4. 将意向对象和意向活动的意向性关联融入体验的意义和本质之中。

直　观

直观（intuition）是先验现象学的又一关键概念。笛卡尔（Descartes, 1977）坚信，直观是最基本的、一种引导"产生对所有自身显现的事物的准确可靠的判断"的天赋（p.22）。这一"显现自身"是笛卡尔的起点，也是胡塞尔回到实事本身[1]的起点。对于笛卡尔，直观被视为产生于"独一无二的理性之光"的一种纯粹且专注的心灵的能力（pp.28-29）。因此，直观是获取人类体验的知识、摆脱日常感觉印象和自然态度的出发点。

无论其他什么东西进入我的意识，我对自我以及主动显现自身之物的直观认识不会欺骗我。没有人能够使我相信，"我一无所是，只要我设想自己是某物……我是，我存在，每一次它被我说出，或者在

1　英文原文为"return to things themselves"，又译为"回到事物本身""回到事情本身"等，是现象学运动公认的口号。所谓"实事"并非日常意义上的外在客观事物，而是指被给予之物，它是在自身显现中被把握的对象，或者说是现象学中所说的"现象"，即意识自身。——译者注

心里被设想，必然是真实的"（Descartes，1977，p.197）。

对于笛卡尔和胡塞尔而言，自我是一种直观思维的存在，一种能够怀疑、理解、断言、否认、希望支持或者反对、感觉、想象的存在。通过直观—反思的过程，通过对所见事物的一种转换，一切都变得显而易见；首先在日常显现的直观中、在某物被呈现的方式中，然后在直观—反思性过程的充实和澄清中，通过剥去事物的外衣、通过摒弃自然态度以及对事物的日常认识、通过考虑事物赤裸裸的存在，"确实如此——当我这么做的时候，尽管我的判断仍然可能有错误，然而，我却不能在本质上感知它"，除非用我自己的思想，即我、我自己（Descartes，1977，p.202）。当我开始觉察眼前的事物时，我也觉察到自己就是进行直观、反思、判断和理解的那个人。

与笛卡尔不同，胡塞尔在他的先验哲学中并没有使用演绎，而只使用了直观。直观在描述任何呈现自身的事物、任何实际被给予之物的时候是必不可少的。对胡塞尔来说，直观"就是本质对意识的在场，即使它意味着借助于必然性和普遍有效性"（Lauer，1967，p.153）。胡塞尔将先验认识与纯粹本质直观等同起来。胡塞尔认为，直观在对象的自身被给予（self-givenness）中是必不可少的（Levinas，1967，pp.90-91）。

先验现象学的方法论

先验现象学的方法论将在后面的章节中做更详细的介绍，在本章节中，我将简要地论述促进知识发展的核心过程：悬置、先验现象学还原和想象变更。

悬置是一个希腊词，意思是避免做出判断，避免或者远离的日常的、一般的知觉事物方式。在自然态度中，我们以判断的方式持有知识；我们假设我们在自然中知觉的事物是真实地在那儿，并且当我知觉它时仍然在那儿。与之相反，悬置需要一种新的看待事物的方法，一种要求我们学会去看眼前事物的方法，一种我们能够区分和描述事物的方法。

本质上，每一体验

> 不管它延伸得有多远，都给被给予者留下了开放的可能性，尽管关于实体自我呈现的持续意识并不存在……事物形式的存在永远不会因为其被给予性而被要求是必要的……体验的进一步发展将迫使我们放弃那些根据经验主义的正确法则所确定并证明为正确的东西……纯粹自我及其个人生活的命题是"必要的"，而且是明显不容置疑的，因而与世界的命题相对立。（Husserl，1931，pp.144-145）

在悬置中，日常的理解、判断和认识都被搁置起来，现象在一个广泛开放的意义上，从纯粹自我或先验自我的角度以一种崭新、质朴的方式被重新审视。

悬置是必不可少的第一步。悬置之后的下一必要过程是先验现象学还原。它之所以被称为先验的，是因为它超越日常生活进入纯粹自我，在纯粹自我中，每一事物都以全新的方式被知觉，就像第一次被知觉一样。"它之所以被称为'现象学'的，是因为它将世界转变为纯粹的现象。它之所以被称为'还原'，是因为它引导我们返回（拉丁语，还原）到经验世界的意义和存在的来源"（Schmitt，1967，p.61）。

在先验现象学还原中，每一种体验都要考虑它自身的独特性。现象在其整体性中以一种新鲜、开放的方式被知觉和描述。一份完整的描述阐明了现象的根本要素，以及知觉、思想、情感、声音、颜色和形状的变化。

最终，通过先验现象学还原，我们从一个开放自我的角度获得了现象的意义和本质的纹理描述、意识体验的构成要素。从这一角度看，"体验的内容取决于作为主体的我自己，体验向我呈现了它的有效性：我必须证明这一点……我，作为一个主体……不仅是体验有效性的来源，而且也是体验意义的来源"（Schmitt，1967，p.67）。

沃茨（Wertz，1985）对沦为犯罪受害者的体验的研究中，包含了一个生动的现象学还原的例子。去除重复性的陈述，沃茨呈现了一个合作研究者对体验的描述。

> 那天夜里我回家晚了，有一辆车跟在我的后面。我并没有想太多，因为在那个时段沿着那条路行驶的车辆很多。那辆车尾随着我进入了停车场，停在了最后面。我原以为是我邻居的车，因为它看起来一模一样。我把车停在了我们楼栋的前面，然后下了车。当我走到台阶时，我转身看了一下，因为我没有听到车门的响声，而且我总感到一丝恐惧掠过肩头。他就在我的跟前——肯定是飞过来的。他抓住我的脚踝，把我抱起来，扔到了他的肩上。我感到非常震惊，从来没有想过这样的事情会发生在我的身上。他站起身来，走了那么远。当时正值冬天，我穿着一件裘皮大衣，所以他不能——我害怕得就要崩溃了。我双腿发软——我想我肯定沉死了，他把我放了下来。我紧紧抓住栏杆，尖叫起来。我把双腿并拢在一起，我不知道他想要干什么，但是他不停地我的腿上扒或

是什么的。他想把我从栏杆上拉开。我看到他的车停在那里，车门敞开着，车里还有另一个家伙。他企图把我扔进他的车里，但是没有得逞。他一定是看到我是一个人，然后才尾随我的。

先验现象学还原之后是想象变更。它旨在把握体验的结构本质。

笛卡尔（Descartes, 1977）为胡塞尔强调自由想象变更提出了一个先导思想，这对于想象变更是至关重要的。他说："理智应该借助想象、感觉和记忆的一切帮助：以便清楚地直观……以及准确地把所追求的事物与所知道的事物结合起来，以便将前者区分开来。"（1977, p.57）。胡塞尔（Husserl, 1931）在《观念》中做了类似的陈述："艾多斯（Eidos）、纯粹本质，在经验的资料中，知觉、记忆等的资料中可以获得直观的例证，但也可以在想象的资料中同样容易地获得例证"（p.57）。

想象变更的作用是为了实现"真实的和可能的认识的无限多样性之间的结构性区分，这些多样性的认识与所讨论的对象相关，因此能够以某种方式结合在一起，构成一种可识别的综合统一"（Husserl, 1977, p.63）。从这一过程中，我们获得了一种关于体验本质的结构性描述，呈现了一幅关于促成一种体验并与之相关联的条件的画面。下面摘录了费舍尔（Fischer, 1989）关于焦虑体验研究的一个例子。

当一个人真正寄予希望的自我认识被渲染成有问题的不确定性，因而可能是不真实的时候，就会产生焦虑的情况。可以描述这种情况的两种变化：在第一种情况下，自我认识的一个基本要素是表达一个人对正在努力实现的事态的认同，比如在研究生项目中申请成为一名博士候选人，现在体验到可能无法实现，因此这个人生活的整个自我认识都受到了质疑；在第二种情况下，一个人生活的意义要么永远不可能是真实的，要么不再是真实的，比如，成为一个"屈服"于自慰欲望的人，有可能（仍然）是真实的，从而削弱了至少部分是建立在绝对排斥基础上的自我认识。

起初，在这两种情况下变得焦虑，意味着一个人突然丧失了动力，感觉受到阻碍，无法专心前行。面对这一情境的多样的、有问题的，并且常常是冲突的意义，一个人至少暂时会被它的歧义性、明确意义的缺乏性所俘获。对这种受阻和被俘获感觉的表达是一种对"应该做什么"迅速增长的不确定性，其实就是指一个人有效做任何事情的能力。

突破了这种或多或少表达上的混淆，当身体与情境的不确定性产生共鸣时，一个人会体验到自己身体的异化、功能失调的特征。注意到一个人是如何把这些身体上的共鸣联系起来是非常重要的，比如，口干、感觉到膝盖无力，以及（或者）忐忑不安将预示着一个人是否会明确地承认和感觉到焦虑。此外，即使明确地承认和感觉到焦虑，一个人也可能对真正发现它的意义不感兴趣，也就是说，将其作为对当前情况以及自己项目的揭示。

最典型的是，一个人会努力避开自己的身体正在宣告的东西。也就是说，他可能会针对问题情境的某个方面采取一系列行动，通常是攻击性的，比如，以轻蔑的方式针对他人或自己的某个方面。或者，一个人可能承认焦虑的事实但拒绝去认识，更不用说去探究这种处境的潜在根源了。因此，换一种说法，一个人可能不允许自己焦虑的身体明确地表明问题情境。

　　除了这个一般的特征，我们还可以描述焦虑的两种不同类型。首先，一个人在面临被不可想象、无法逃避的自我认识问题压垮的风险时，会感觉到瘫痪；人们甚至不能考虑它的影响。因此，一个人常常固执地不断逃避对其进行反思的可能性。这种生活的情境似乎没有什么值得从中学习的，没有什么真正的改变，只有熟悉的才被承认。（Fischer，1989，pp.134-135）[转载已经过编辑许可]

　　在我所运用的现象学模式中，为了得到被研究现象或体验的意义和本质的一种纹理—结构的（textural-structural）综合，想象变更的结构本质（structural essences）与先验现象学还原的纹理本质（textural essences）被整合到一起。

主体间性

　　尽管胡塞尔承认先验自我在揭示意义和本质过程中的必要性，但他并没有忽略主体间性的重要性，特别是在自我洞察和对实在之物的主观感知方面。胡塞尔说："我对这个世界（包括他者）的体验（experience）是根据它的体验意义，不是作为（可以这么说）我个人的综合构造，而是不仅仅作为我个人的，还作为一个主体间的世界，事实上它为每一个人而存在，它的对象对每个人都是可以获得的"（1977，p.91）。这种使他者对我变得可以通达的方法就是移情，一种对他人的同理心。移情是一个包含了我对他人体验之体验的意向范畴（Lauer，1967，p.172）。

　　他人并非直接在我之内。胡塞尔坚称，不然的话，他人和我将成为一样的了（p.109）。因此，我与他者的关系是共现。我知道有另一个身体与我的身体共在，并且有相似的表象。这使得对"另一个作为生命有机体的身体"的类推性理解成为可能（Husserl, 1977, p.111）。通过类推，我在一种生动的呈现的意义上理解他者。"自我和他我总是必然地以原始'配对'的方式被给予"（Husserl, 1977, p.112）。"配对"是我体验其他人的方式。在"配对"中，他人在我之中并且我在他人之中。我的存在和他人的存在在意向性的共享中共在。这种共同体意识作为可能性存在于每个人当中。原则上，在我内心有一个几乎无限接近他人的领域。

在我能够理解某人或某物之前，我必须首先通过先验的过程阐明我自己的意向体验，进而通过类推理解某人或某物。我自己的知觉是首要的，它包括通过类推获得的对他人的知觉。

以这种方式构造的主体间性克服了唯我论的错觉。胡塞尔认为："唯我论被消解了，尽管万物为我存在的命题必须完全从我自己、我的意识范围内获得它的存在意义"（1977, p.150）。

法伯（Farber, 1943）的观点中包含了主体间性的另一个方面，通过类比，他人对我在场，在一定程度上，他们进入我的意识与我共在，并成为我意向体验的必要条件。舒茨（Schutz, 1967）补充了一些重要的说明。

> 如果我考虑对你的生活体验的全部认识，询问这种认识的结构，有一件事就变得清晰了：我对你的意识生活所知道的一切实际上建立在我对自身生活体验认识的基础之上。我对你的鲜活的体验与你自己的生活体验是同时或几乎同时被构成的，它们在意向上是相联系的。正因为此，当我回顾过去时，我能够使我过去对你的体验与你过去的体验同步。（p.106）

认同促进中的应用

在加拿大新斯科舍省的卡普顿大学学院我的研讨班上，我让我的研究生们参与体验了悬置、现象学还原以及想象变更。我邀请每个学生与一个孩子或青少年建立一种特殊的关系，旨在承认、支持和促进这个人的认同。

为了让我的学生（他们是中小学教师）做好准备，我要求他们反思是什么构成了一种理想的关系。当获得一种内在的感受性时，这些教师能够把他们理想关系的概念带入意识，然后他们就能聚焦于一个促进了他们认同的人的特征或特质。我提出了如下建议：

1. 简洁地描述这种关系的本质。

2. 选择你明显感觉到被认可、被接受以及被重视的一段情节、一个事件或一个情境。

3. 描述唤起你自尊和自信的另一个人的特质。对这个人与你的关系做一个统一的描述。

4. 仔细检查一下你的描述，确定你是否已经涵盖了所有重要的事情。如果有必要的话，对其进行详细说明。

每个老师都加入了一个小组，并分享了他（她）理想的"关系中的人"。一系列主要的特质被发展出来并被还原为非重复性的意义。然后，关于成功促进他们认同的这个人的综合描述被构建出来。每个小组都向全班展示了该组的综合描述。重叠的或重复的特征被剔除，直到完成一份"全班"的综合描述，它体现了人际关系中促进孩子或青少年认同的核心特征或意义。然后这就变成了一种引导教师在他们自己的课堂上与孩子或青少年发展一种特殊关系的模式。

这些来自我的研究生们的综合描述，在我每年所教的研讨班上都大同小异，但是当教师参与到悬置、还原和想象变更的过程中时，这种理想关系的综合具有它自己的措辞、风格、重点及结构，并具有一种不同的价值和意义。在一份最新的综合描述中，"理想的"教师将孩子或青少年视为一个无与伦比的存在，信任他（她），并让这个人感觉到独特、与众不同和独一无二。这种认同的促进者鼓励个体差异，灌输自信，支持孩子或青少年做出选择和从事自主活动的权利。孩子的个性通过促进者提供的机会和资源得到鼓励。他或她准确地聆听和倾听；从孩子或青少年的参照系中感知意义；提供建议但并不强加于人；重视孩子或青少年的想法、感受和偏好；用坦率真诚的语言进行交流。促进者创造了一种自由、开放和信任的氛围，并乐于回应和透露他（她）自己的想法和感受。促进者进入孩子或青少年的世界；提供空间和空地；倾听理解、认可和支持；当被问及时，提供一种观点或评价；肯定孩子的兴趣、需要和渴望；与孩子或青少年的情绪或心理状态合拍；分享活动；并在相关情况下为艺术作品、活动、讲故事和戏剧提供可用的特定资源。

接下来是关于一段关系结果的一个例子，以认同促进者的综合描述为指导。

诺曼是我的研讨课中的一名老师，他初次与露易丝见面时得知，她在自然的、独处的地方感觉到很自在。他还了解到她九岁了，很腼腆，与谈话相比她更喜欢沉默。在暑期学习期间，他选择了露易丝开始建立这种理想的关系。他问她是否有兴趣与他见面，一起去附近的海滩进行一次旅行。她做出了肯定的回复。她父母也同意了。下面是逐字的记录。

露易丝和我走在沙滩上，静静地，除了海鸥的声音……我知道，她的沉默是害羞的结果。当我们走了一段时间后，她开始谈起她在学校的经历，对所教内容的失望，缺少自由和时间去学对她有价值的东西。我问她学校是否只是一个学习的地方。我感觉她意识到，课堂之外的生活本身激发了她学习的能力。她马上指了指海滩、沙子和海水，以及通过观察可以学到的东西。我问她学到了什么。令我吃惊的是，她竟然大声喊道："你真的想知道吗？有时候大人并不想听孩子们说什么。"我向她保证，我不仅感兴趣，而且与她在一起的时候，除了去倾听和理解她之外，就再没有其他兴趣了。

她开始以一种我从未想过会发生的方式敞开心扉。她说她喜欢待在海边，注视事物，岩石的光滑来自沙子和海水反复地成千上万次的冲刷。岩石向她召唤，令她着迷，向她讲述着海底运动的故事，讲述着受强烈持续的阳光照射和强烈风暴的影响而产生的形状、大小和颜色的变化。她指着大块儿的浮木说，它们最初来自悬在悬崖边缘俯瞰海面的树木。风雨把树枝推进海里，过了一段时间又把它们推到海滩上，破烂不堪，饱经风雨，历尽沧桑，褪去了色彩。然后她邀我一起用扁平的小石块玩打水漂。伴随着优美的节奏和运动，她的石块跳跃了六到八次，飞向远处的大海。她说："这里的大海提供了鱼和其他的食物，提供了一个游泳、远航和玩耍的地方。"

我们的会面很快就过去了。我们在沙滩上书写、画画，心无旁骛地注视着潮水把我们的创作冲刷殆尽。

我认为，露易丝在我面前感到愉悦、自由、开放、健谈。我学着去聆听，去理解她的意思，去表达我对她的兴趣和重视。

毫无疑问，我与她的会面只不过是一个开始，但是其本身的价值在于对她、她的主动性和存在方式的认可和支持。她时而沉默，时而谈论，把她生命中最重要的一些事情托付给我。

概要与结论

通向绝对意义上的知识的先验现象学路径是"普遍自我认识的必由之路——首先是单子的（monadic）[1]，其次是单子间的（intermonadic）"（Husserl, 1977, p.156）。它是一条理性的路径——知识源于先验的或纯粹的自我，一个乐于如其所是地看待事物，并以自己的方式解释事物的人。下面是一个推理的过程——"如果唯一的绝对存在就是可以被绝对给予的存在，如果唯一可以被绝对给予的存在就是现象的存在，那么，只有现象的存在才是绝对存在"（Lauer, 1967, p.151）。

现象学是获取知识的首要方法，因为它始于"事情本身"，同时它也是诉请裁决的最终法庭。现象学一步一步地努力消除代表偏见的一切事物，搁置预设，达到一种崭新和开放的先验状态，准备以一种自由的方式去看，不受常规科学中的习惯、信念和偏见的威胁，不受自然世界中的习惯或者建立在未经反思的日常体验基础上的知识的威胁。

从我记事起，我就试图通过直观和知觉去认识事物的真理，从我自己的直接经验中以及揭示意义的意识和反思中学习。我天生倾向于

1　"Monadic"意为"单子的"，其名词形式为"monad"，意为"单子"，"单子"是一个哲学术语，指一个不可分割的实体。胡塞尔从莱布尼茨的哲学中借用了"单子"的概念来标识"纯粹意识"或"先验主体性"的领域。可以将其简单地理解为"具体的主体性"（详见：倪梁康. 胡塞尔现象学概念通释（修订版）[M]. 北京：生活·读书·新知三联书店,2007:300–301.）——译者注

回避那些试图用他们所谓的事实和知识来指导我的人，倾向于第一次独立地处理事情。我总是想全新地面对生活，让自己沉浸于这一情境当中，这样我就可以从自己的想象以及内在的意象和声音中去看，真正地去看、去认识。当我独处时，我可以自由开放地去观察我面前的任何东西。我已经能够辨别自己所遭遇的东西，能够去探索、去思考、去学习，并且去认识。

我所获得的最重要的认识不是从书本中或者他人那里得到的，而是一开始就从我自己直接的知觉、观察和直观中得到的。这在我的教学中、我的心理治疗中、我生活中的亲密关系中、作为一名家长的参与中，以及在日常世界里作为一个人的存在中成为不争的事实。最重要的学问来自与自然世界相分离的孤独，来自潜心钻研和自我对话，以及来自想象和反思的先验之地。

我非常赞同一门以悬置、现象学还原、想象变更，以及意义和本质的综合为指导的人文科学。对我而言，这些已经成为自然的过程，认识、理解和知识由此过程衍生出来。它们在我心中唤起了一种与哲学不可动摇的亲缘关系，这种哲学将终极的知识置于自我的领域和能力之内。

参考文献

Brand, G. (1967). Intentionality, reduction, and intentional analysis in Husserl's later manuscripts. In J. J. Kockelmans (Ed.), *Phenomenology* (pp.197-217). Garden City, NY: Doubleday.

Descartes, R. (1977). *The essential writings* (J. J. Blom, Trans).New York: Harper & Row.

Descartes, R. (1988). *A discourse on method* (J. Veitch, Trans.).New York: E. P. Dutton.(Original work published 1912)

Farber, M. (1943). *The foundation of phenomenology*. Albany: SUNY Press.

Farber, M. (1967). The ideal of a presuppositionless philosophy. In J. J. Kockelmans (Ed.), *Phenomenology* (pp.37-57). Garden City, NY: Doubleday.

Fischer, W. F. (1989). An empirical-phenomenological investigation of being anxious. In R. S. Valle & S. Halling (Eds.), *Existential-phenomenological perspectives in psychology* (pp.127-136). New York: Plenum.

Gurwitsch, A. (1967). On the intentionality of consciousness. In J. J. Kockelmans (Ed.), *Phenomenology* (pp.118-137). Garden City, NY: Doubleday.

Heidegger, M. (1977). *Basic writings* (D. Krell, Ed.), New York: Harper & Row.

Husserl, E. (1931). *Ideas* (W. R. Boyce Gibson, Trans.). London: George Allen & Unwin.

Husserl, E. (1967). The thesis of the natural standpoint and its suspension. In J.J. Kockelmans (Ed.), *Phenomenology* (pp.68-79). Garden City, NY: Doubleday.

Husserl, E. (1970). *Logical investigations* (J. N. Findlay, Trans.) (Vol.1). New York: Humanities Press.

Husserl, E. (1977). *Cartesian meditations: An introduction to metaphysics* (D. Cairns, Trans.).The Hague: Martinus Nijhoff.

Kockelmans, J.J. (Ed.). (1967). *Phenomenology*. Garden City, NY: Doubleday.

Lauer, Q. (1967). On evidence. In J. J. Kockelmans (Ed.), *Phenomenology* (pp. 167-182). Garden City, NY: Doubleday.

Levinas, E. (1967). Intuition of essences. In J. J. Kockelmans (Ed.), *Phenomenology* (pp.83-105). Garden City, NY: Doubleday.

Miller, I. (1984). *Husserl, perception, and temporal awareness*. Cambridge: MIT Press.

Schmitt, R. (1967). Husserl's transcendental-phenomenological reduction. In J. J. Kockelmans (Ed.), *Phenomenology* (pp. 58-68). Garden City, NY: Doubleday.

Schutz, A. (1967). *A phenomenology of the social world* (G. Walsh & F. Lehnert, Trans.). Evanston, IL: Northwestern University Press.

Smith, Q. (1981, Spring). Husserl's early conception of the triadic structure of the intentional act. *Philosophy Today*.81-89.

Wertz, F. J. (1985). Methods and findings in a phenomenological psychological study of a complex life event: Being criminally victimized. In A. Giorgi (Ed.), *Phenomenology and psychological research* (pp.155-216). Pittsburgh: Duquesne University Press.

3.

现象学与人文科学研究

本章旨在从现象学视角呈现理解人文科学的理论基础和指南。

经验科学和人文科学

先验科学产生于对科学哲学日益增长的不满，这种科学哲学将对物质事物的研究作为唯一的基础，而不考虑体验者以及物质世界中人的意识与对象之间的关系。为了解决这一问题，笛卡尔（Descartes，1977）区分了心灵和身体，以此来强调空间中广延的身体（经验研究的对象）和空间中没有广延的非物质的心灵之间的区别（p.4）。他怀疑仅仅基于对空间中物体的研究就能获得外在知觉的真实性，因此他认识到，知识也来源于自明性。他得出结论说，在意识中存在的事物，无论是通过直观还是推理，都是明确可信赖的。人类的天赋能够产生可靠而真实的判断（p.22），但是物质的真实性应该被暂时搁置并受到质疑。因此，笛卡尔（Descartes，1977）决心寻求的正是"能在自我之中发现"的科学（p.119）。哲学随着笛卡尔（Descartes，1912/1988）实现了主体性的转向（p.2）。所谓拥有客观实在性的东西只有通过心灵中的表象才能存在。因此，笛卡尔（Descartes，1912/1988）推论说，客观实在实际上就是主观实在（p.249）。

从先验哲学的视角看，所有认识的对象都必须符合经验。对客体的认识存在于自我的主观来源中。康德（Kant，1966）清楚地表达了三个这样的来源：感觉（知觉中被经验地给予的现象）、想象（对于实现知识的综合是必要的）、统觉（事物同一性的意识）。

因为所有的知识和经验都与周围世界中的现象，即意识中显现的事物相关，所以在作为认识者的我们与我们所认识和所依靠的事物或对象之间必然存在着一种统一。

笛卡尔对自明性知识的强调和康德关于直观以及知识和判断的先验来源的主张，对人文科学的发展做出了显著贡献。这些贡献清楚地表明，任何内在于我们的知识，如喜悦、激动或者悲伤，是确实存在的，并且毫无疑问是明见的，而与此相反的外在事物，如颜色、气味和声音，只在一种现象的意义上存在。

布伦塔诺（Brentano，1973）提出了一种现象科学的观点。他毫无保留地说："只有经验是我的老师"（p.xv）。最近，舒茨（Schutz，1973）引用怀特海（A.N.Whitehead）的话表达了类似的主张——没有对经验中真实之物的严格思考，常识和科学都不可能进步（p.290）。

布伦塔诺（Brentano，1973）区分了研究物理现象（如感觉）的自然科学和研究心理现象——特别是知觉、记忆、判断，以及一般而言任何事物的心理呈现——的人文科学。他坚称："我们没有权利相信当所谓的外在知觉的对象向我们显现时，它就真的存在"（p.10）。只有从内在知觉获得的认识作为科学知识的基础才是值得信赖的。

胡塞尔（Husserl，1975）拓展了布伦塔诺关于意识的意向性本质、自明性的必然性，内在知觉的价值，以及知识对自我经验的依赖等观点。胡塞尔追求的是一种科学的使命，发展一门基于哲学、可靠的知觉、观念和判断的严密科学。与笛卡尔和康德一样，胡塞尔认为，"最终能被证明为正当的通往知识的必由途径……就是普遍的自我认识的路径"（1975，p.39）。在这一点上，胡塞尔坚称："对我而言，这个世界除了我所意识到的以及在我的感知中显现为有效的事物之外别无其他……我无法在任何一个某种意义上不属于我，却从我这里获得其意义和真理的世界中生活、体验、思考、评价和行动"（1975，p.8）。

布伦塔诺对意识意向性特征的洞察为胡塞尔先验哲学的扩展提供了跳板和灵感。

胡塞尔的现象学是一种先验现象学。它强调主体性和对体验本质的发现，并为知识的起源提供一种系统的严格的方法论（1965，pp.5-6）。胡塞尔的方法之所以被称为"现象学的"，是因为它只运用对意识有效的资料——对象的显象。它之所以被认为是"先验的"，是因为它坚持通过对主观行为及其客观关联物的反思所能发现的东西。它之所以是一门"科学"，是因为"它提供的知识有效消除了所有可能使其理解具有偶然性的因素"（p.23）。它是合乎逻辑的就在于它断言，我们所知道的唯一确定的事物是在意识中向我们显现的东西，正是这一事实保证了它的客观性。

胡塞尔在《逻辑研究》中明确指出，"逻辑概念……肯定在直观中有它们的起源：它们必定产生于基于某种经验的观念直观，必定承认无限的再确认"（1970b，pp.251-252）。他对想象、观念和本质的强调赋予了人文科学与众不同的特征。而且胡塞尔坚称："一项可以真正称得上科学的认识论研究必须……满足于无预设的原则"

（p.263）。

　　胡塞尔提出了一种新的看待事物的方式，一种如其实际所显现的那样回到事物本身的方式。这种方式与关于知觉、判断、体验和思想的自然态度形成了鲜明的对比。它明确阐述了，只有源于内在知觉和内在正当判断的知识，才能满足真理的要求。哈蒙（Harmon, 1991）在对人文科学的这些特征进行评论时强调："科学将包含更多参与类型的方法论；它假设，尽管我们对某种事物的认识来自我们与研究对象的分离，但是我们从直观地与研究对象的'融为一体'中获得了另一种知识。我们对于实在的认识不是来自受控的实验，而是来自对被观察对象的认同"（p.53）。

　　尽管现象学关注观念和本质，但并没有否认自然世界，即所谓的真实世界。实在论的观念成为先验现象学的一个主要焦点。实在论和客观性大概属于自然科学的领域，但自然科学的实施还是基于观念的原则，因为它们假设存在于时空中的对象是真实的，它们真实地存在着，但是除了我们对它们的主观体验外，并没有证据表明对象是真实的。胡塞尔（Husserl, 1965）评论说："自然主义承认需要一门科学的哲学，但它却是最大的障碍，因为它把物质视为唯一的真实。客观性的假设在根本上是观念的，因此与自然主义本身的原则相矛盾"（p.9）。胡塞尔得出结论说："现象学是'科学之科学'，因为它只研究所有其他科学都认为理所当然（或忽略）的东西，它们自己的对象的真正本质"（p.23）。

　　观念论和实在论的难题可以通过现象学的方法解决，在现象学方法中，现象的意义和本质是推导出来的，而不是被预设或假设的。相反，自然科学"并没有在单一的事例中为我们揭示真正的事实，我们生活、运动和存在的事实"（Husserl, 1965, p.140）。自然科学研究的不充分性在范卡姆（van Kaam, 1969）的评论中得到进一步强调。

> 不相关的经验研究是由行为的中立旁观者所实施的完全超然的、抽象的和孤立的研究产生的，他们对抽象游戏和生活情境之间的关系漠不关心……相关的研究在探究、描述，以及从经验（empirically）上检验人类行为的同时，在现实生活中还与其保持着一种"生活的"关系。（pp.26-27）

在现象学研究中，研究者避免做出假设，新奇且本真地聚焦于一个具体的主题，构建一个问题或难题来引导研究，并获得能为进一步的研究和反思提供依据的发现。在现象学科学中，对自然对象的外在知觉与内在的知觉、记忆和判断之间总是存在着一种关联。

在达到本质的过程中，胡塞尔的方法涉及知识的发现，"通过参照事物和事实本身，因为它们是在真实的直观中被给予的"（1975，p.6）。胡塞尔非常谨慎地区分了现象学上的客观实在和主观实在。客观性是显现者的明确在场，并且只能被知觉它的人主观地认识到（1970b, p.314）。

贯穿现象学方法的反思方法提供了一种逻辑的、系统的和连贯的资源，用于实施必要的分析和综合以获得体验的本质描述。胡塞尔（Husserl, 1931）将反思界定为一种过程，通过这一过程，"体验流及其各种事件（体验的阶段、意向性）可以根据它自身的明见性来把握和分析"（p. 219）。正如古尔维奇（Gurwitsch, 1966）所认为的，彻底的反思始于，"明确地呈现构成我们所有生活基础的普遍'假设'"（p.419）。

在反思过程之后，随着对构成对象的现实性和可能性的揭示，个体构建了对他（她）的意识体验的完整描述。这被称为纹理描述

（textural description），它包括描述体验构成的想法、感受、例子、观点、情境。

广义而言，明见性被视为显现自身的事物——就在你面前的事物。正是如其所是地看的行为，指向进一步地看，一次又一次地看，以及确认的可能性。胡塞尔（Husserl, 1975）强调，"确认的过程属于作为先验主体性的我"（p. 23）。当这个现象作为整体保持同一时，确认通过反复的注视和观察得以实现。

先验现象学的挑战在于发展一种用来理解呈现于我们眼前的对象的方法。这样一门科学需要返回自我并运用自我反思的过程，使寻求者在被研究的体验中越来越了解他（她）自己。比如，当我理解了愤怒的意义和本质之后，我也获得了关于我自身愤怒体验的知识。胡塞尔评论说，世界现象最初被感知到是"通过一种特殊的'显现方式'，一种特殊的统觉，并向变化的进一步重塑开放……通过这些变化以及某些修正，世界的统一建立起来，它作为存在具有持久的有效性，总是向进一步的确定开放——包括确定科学理论的真实性"（1970a, p.320）。

胡塞尔在他的著作中引入了生活世界的概念，即我们在日常意义上所遭遇的原初的自我体验的领域（Carr, 1977）。对生活世界——一个人在世界中生活、创造、关联的方式——的研究先于先验现象学的还原。尽管"科学使用抽象概念，但是这种抽象概念却从生活世界中获得具体的充实……科学解释和说明被给予者，生活世界是所有被给予性（givenness）的场所"（Carr, 1977, p.206）。

生活世界的体验是知觉体验。不幸的是，继伽利略开创的立场之后，普通的、日常的经验世界被作为现实的科学的"客观性"抛弃了（Gurwitsch, 1966, p.418）。然而，每一门自然科学都预设了一个现实世界的存在, 因此背离了它自己对客观性的承诺。胡塞尔的先验科学提供了一种精心开发的概念模式, 它使作为阐释经验和获得知识的必要来源的人成为关注的焦点。梅洛-庞蒂 (Merleau-Ponty, 1962) 曾说过: "胡塞尔的本质注定要恢复所有生活体验的关系, 就像渔夫的网从海洋深处打捞上来的颤动的鱼和海藻" (p.xv)。本质被带回到世界之中, 丰富和澄清了我们对日常情境、事件和关系的认识与体验。

先验现象学的进一步描述

布伦塔诺 (Brentano, 1973) 将心理现象划分为三个主要类别: 表象, 指的是显现的任何事物; 判断, 指接受和拒绝; 情感, 指的是爱或者恨 (pp.197-198)。胡塞尔 (Husserl, 1970b) 专注于纯粹现象学、本质、纯粹意识和纯粹自我 (p.862), 不会做出关于自然实在的经验断言, 也不会预设或宣称关于实在的真理 (1970b, p.862)。康德 (Kant, 1966) 说过, 为了认识事物, 必须有直观和概念, 通过直观, 对象被给予我们; 借助概念, 对象被认为与直观相一致 (p.73)。被给予的对象也是先验现象学的中心, 它的特征必须被描述而不是被解释, 描述的目的在于直观地把握包含在体验中的本质。

胡塞尔使用的 "先验的", 相当于康德使用的 "批判的"; "先验的" 也指对任何种类的独断论的一种反对 (Landgrebe, 1977, p.102)。法伯 (Farber, 1943) 列举了先验现象学的功能:

1. 它是认识的首要方法, 因为它始于事情本身, 是我们的一切认识最终诉诸的法庭。它是一种合乎逻辑的方法, 因为它力图识别预设并 "使其无效"。

2.它不关注事实，而是力图确定意义。

3.它既涉及真实的本质，也涉及"可能的"本质。

4.它所提供的关于事物本质的直接洞见，产生于对象的自身被给予性和反思性描述。

5.它力图通过纯粹的主体性来获得知识，同时保留着思考和反思的价值。（p.568）

总而言之，先验现象学是一种科学的研究，它研究事物的显象，研究我们所看到的以及在意识中向我们显现的现象。任何现象都代表着现象学反思的一个合适的起点。正是某事物的显现使其成为一个现象。挑战在于根据现象的构成和可能的意义来解释这一现象，从而识别意识的特征，并达到对体验本质的认识。

意　识

布伦塔诺（Brentano，1973，pp.88-89）对意识特征的描述引导着胡塞尔对现象学的阐述。他注意到意识是意向性的；它直接指向对象；它总是包含着意向性的内容。他对仅仅与物理现象相关的外在知觉和与心理现象相关的内在知觉进行了区分。外在知觉的现象不能被证明是真实的。内在知觉的现象既具有真实存在也具有意向性存在。没有被思考的对象，就没有思考的行为；没有意愿的事物，就没有意愿的行为；没有判断的对象，就没有判断的行为；没有爱的对象，就没有爱的行为。不过在感受中，像痛苦，痛苦的意识和痛苦的对象是被融为一体的。此外，知觉活动总是意向性地指向它的对象。

内在知觉是可靠的和可证实的。根据布伦塔诺（Brentano，1973）的看法，我们总能确定它的真实性，因为表象和真实对象这两者都存在于我们的意识中（p.139）。每一个心理活动都包含着一种表象、一种认知、一种情感，它们当中的每一个都指向一种现象。

胡塞尔在很大程度上接受了布伦塔诺对意识的描述。然而，他不同意知觉和参照物之间总是存在着联系。他在《逻辑研究》中指出：

> 如果我有一个朱庇特神的观念，那么这个神就是我所表象的对象，他"内在地存在于我的行为中"[胡塞尔用"行为"代替了布伦塔诺的"表象"]，他具有"心灵上的非存在性"[一个被亚里士多德使用，后来更明确地被经院哲学家所使用的术语——意指存在于意识之中]。意向体验可以被分解……但是朱庇特神自然没有在其中被发现。这个"内在的""心理对象"并非体验的真正的构成部分……它根本不存在。（Husserl，1970b，p.558）

从现象学的视角来看，对象是否真的存在根本没有区别。

事物在我们的意识中以一种空虚的方式显现，因而，我们的意识趋向于通过不断地看来充实它们，或者它们以一种充实的方式进入思想中，看本身带来了一种成就感或者知觉的整体性。无论一个物理对象被呈现给感官的频率如何，角度如何，总有一个附加意义的空间（Husserl，1970b，p.8）。

随着现象在反思过程中被再三考虑，现象体验的意义逐渐被澄清和扩展。胡塞尔（1975）强调，对象在意识中具有实在性，但是"对我来说，这种实在性只有在我能够确认它的时候才是实在的。我的意思是说，我必须能提供把我引向对象本身的可用程序和其他证据，借此，我意识到对象是真实存在的"（p.23）。

举例说明：一个朋友最近注意到，她的一位多年不见的前同事，在她认识他的漫长岁月中，第一次没有留胡子。她向我提供了对一位梳妆整洁的男士生动准确的现象描述。第二天她再次看到她的同事时，震惊地发现，他的胡子依然留着。她纠正了先前对他的看法："整洁、干净、敏捷和衣冠楚楚"，并补充了"留有胡子"。与很久以前蓬松杂乱的胡子不同，现在的胡子"修剪得很整齐很帅气"。

理解体验的精髓是认识本质。在显象中，"除去与其显现无关的一切"，就可以发现本质（Lauer, 1967, p.154）。体验的本质就是不变的意义。

行　为

胡塞尔（Husserl, 1970b）使用"行为"这个词而不是"表象"来指涉意义体验，强调现象的意义存在于行为体验中而非对象当中。他指出，事物在意识中的纯粹显现构成了一种行为。对象被知觉而不是被体验，而感觉被体验而非被知觉、被观察、被听到；它们本身并不是行为（Husserl, 1970b, p.567）。

每一个行为都有两面：行为的质性，将其标记为显现，比如在判断、知觉或者记忆中；而行为的质料，则为对象提供了方向，使其呈现为一个特定的对象而不是其他对象（Husserl, 1970b, p.588）。质料包含了一个对象的特征和属性。

行为是意向体验而非心理活动（Husserl, 1970b, p.563）。它们要么是直观的和充实的，要么是符号性的和空虚的（1970b, p. 761）。在意识中对物体的知觉不仅仅是一种意向，"还是一种行为，它实际上能够充实其他行为"（1970b, p. 712）。一个对象可以从一个侧面被感知，然后它可能显得很近或遥远，尽管存在变化或差异，"但在'那里' 的是同一对象……一种持续不断的充实或确认, 在稳定不变的认知序列中 '关联的是同一对象' " (p. 714)。

当直观行为被有效确定时, 直观行为是充实的, 当它的客观有效性还没有确定时, 它是符号性的。在区分有效的直观行为和错觉时, 胡塞尔 (Husserl, 1970b) 使用了蜡像的例子。

> 当漫步于帕诺匹克姆蜡像馆时, 我们在楼梯上遇见一位迷人的女士, 我们不认识她, 她看起来好像认识我们, 她实际上是当地非常有名的笑话: 我们暂时被一个蜡像欺骗了。只要我们还蒙在鼓里, 我们就体验到一个完美的知觉: 我们看到的是一位女士而不是一个蜡像。当错觉消失后, 我们看到的恰恰相反, 一个仅仅展现一位女士的蜡像。(p.609)

通过对行为持续地知觉和反思的过程, 我们认识到它们在我们体验中的意义以及它们与我们的关系。在每一个 "意识行为中, 物体的一些视角面 (aspects), 并不是被直接意向的, 而是通过回忆或预期被认识的。这些构成了它的视域" (Husserl, 1965, p.150)。行为本身 "包含了它自身的明见性, 它自身对被给予性的保证" (Lauer, 1967, p. 151)。

知 觉

在现象学中, 知觉被视为认识的首要来源, 这一来源是不可置疑的。意向与感觉相结合构成了完整具体的知觉行为, 对象则达到充实的状态 (Husserl, 1970b, pp.608-609)。在《笛卡尔式的沉思》中, 胡塞尔 (1977) 评论说: "知觉漂浮在空中, 可以说是在纯粹想象的氛围中。因此它排除了所有的事实性, 成为纯粹的 '艾多斯' 知觉, 它的

‘观念’的扩展是由所有观念上可能的知觉构成的”（p.70）。与自由漂浮的知觉形式不同，它提供了一种对实体显现视域的开放式扫描，还有知觉的注意，持续知觉的倾向，以及在每一个知觉行为中发生的持续变化的统一性和同一性。

通过每一种知觉，我们把被知觉的事物体验为片面的“轮廓”，但同时我们把这一事物理解和体验为一个完整的对象。古尔维奇（Gurwitsch，1966）评论说：“在整个知觉过程中，所讨论的事物在各种不同的视角面中显现出来，这些视角面不仅彼此相容而且相互适应”（p.122）。从来没有一种或多种知觉可以穷尽认识和体验的可能性。新的知觉总是具有对任何对象贡献知识的可能性（p.335）。

胡塞尔把产生于不同视角的知觉称为视域。在知觉的视域化中，每一种知觉都很重要；每一种知觉都为体验增加了一些重要的东西。实体或对象的属性和意义永远不能被穷尽。整体的特征就是视域，但正如所有的视域一样，一旦我们选择了一种意义，视域就会再次得到扩展，并打开了许多其他的视角。而且，当我们观察和反思时，伴随着知觉行为的还有与现象相关的记忆行为，记忆再次唤醒了情感和意象，并把过去的意义和特质带向在场。胡塞尔把时间意识的这一方面视为内时间意识的基本结构，视为它的滞留和前摄¹的特征（Schutz，1967，p. 81）。舒茨（Schutz，1967）评论说，进入未来的前摄是每一个记忆行为的一部分（p.57）。米勒（Miller，1984）指出，一个人用于

---

1 滞留（retention）和前摄（protention）是内时间意识现象学中基本的意向性类型。滞留“是对现前之物在其最初滑脱中的边缘期的非课题性一同认识到。”它指向过去，但又不同于“对过去之物的明确的课题性的当下化行为”（回忆行为），同样与滞留对应的前摄，它指向未来，但又不同于期待这种意向类型，它是对将来之物的非课题性把握。（详见：倪梁康.胡塞尔现象学概念通释（修订版）[M]. 北京：生活·读书·新知三联书店，2017:419,379.）跳ப/出哲学的思维的方式，其实现象学是在用独特的术语描述我们日常生活中关于时间的一种意识体验。在时间的流逝中，即将成为过去，但还没有成为对过去的回忆之时的一种体验，即现象学所言的“滞留”，而即将迈向未来，但还没有成为对未来的预期之时的一种体验，即现象学所言的“前摄”。只不过回忆和预期是课题性（对象化）的意识类型，而滞留和前摄则是非课题性（非对象化）的。——译者注

观察现象的概念框架使他能够理解事物的存在方式（p.83）。梅洛-庞蒂（Merleau-Ponty, 1962）对这一过程进行了生动的描述：

> 知觉打开了一扇通向事物的窗户。这意味着，它是准目的性地指向真理本身，其中所有表象背后的原因都可以找到。知觉的隐性假设是，每一个即时的体验能够与之前的和后续的即时体验相协调，我自己的视角能够与其他意识的视角相协调，单子的和主体间性的体验是一个完整的文本，对我来说现在不确定的东西由于更完善的知识可以变成确定的。（p.184）

整个过程呈现出惊奇的特征，因为新的知觉时刻给意识带来了新的视角，知识诞生了，它将过去、现在和未来统一起来，并且不断扩展和深化事物的本质和意义。

科克尔曼斯（Kockelmans, 1967）将知觉视为最原初的意识行为，它使我们能够表达最终成为普遍判断的单一判断（p.27）。知觉是通向真理的途径和通道（Merleau-Ponty, 1962, p.xvi）。

知觉并非总能准确描述意识中所呈现的事物。我们能够很容易地知觉到某物并不具有的属性。米勒（Miller, 1984）指出，错觉体验是知觉体验的一个例子，在这一过程中，我们体验到一个假定的对象，当我们对其被假定的一种或多种持久不变的特质改变主意时，我们仍然持续地将其视为同一个。（p.69）

正如早先提到的，一些知觉是直观的，其他的则是符号性的。符号性知觉是空虚的，必须得到充实。舒茨（Schutz, 1967）认为，符号性知觉是我们能够理解他人体验的唯一方法；它们直接与我们的体验相关。他评论说："只有通过符号性—象征性的再现，我才能理解另一人的生活体验"（p.100）。他补充说：

> 无论何时，我有一种关于你的体验，这仍然是我自己的体验。然而，这种体验虽然是我独有的，但作为它符号性把握的意向对象，此刻它仍然是你所拥有的生活体验。为了观察我自己的生活体验，我必须反思性地专注于它。不过，为了观察你的生活体验，我并不需要反思性地关注我对你的生活体验。相反，仅仅通过"看"，我甚至能把握你自己还没有注意到的，对你而言仍然是前现象的和未分化的生活体验。这意味着，我只能在我自己的生活体验结束后才能观察它们，而我可以在你的生活体验发生的同时观察它们。反过来这就意味着，你和我在某种特定的意义上是"同时存在的"，我们是"共在的"，我们各自的意识流是交织在一起的。（p.102）

除了知觉行为，先验现象学的一个主要关注点是判断行为。胡塞尔（Husserl, 1977）区分了判断的两种意义：判断的内容以及一个人对判断及其或然性、可能性或者真实的必然性所持的认识论态度（p.10）。

胡塞尔（Husserl, 1973）把前述谓的经验（与显象相关联的知觉行为）视为做出判断的必要的第一阶段。由此，现象逐渐被领会并引向观念和理解。胡塞尔得出结论，无论我们持有什么样的判断，它们总是依赖于观念。在经验中我们所做的判断无一不需要观念。

意向体验

意向体验属于意识行为。我知觉一棵树。我的意向体验是这棵树的外在显象与基于记忆、图像和意义而包含在我意识中的这棵树的混合物。记忆的意义可以通过对显现为树的东西的当下知觉来证实。推向未来的意义不可能被验证，但是它们作为真正的可能性存在与我对树本身的体验是相契合的。这样，每一种体验都可以在一系列的意义和本质中得到扩展。每一种体验都为进一步的体验保持着开放性。在体验中没有绝对的或终极的真实。

胡塞尔（Husserl, 1973）断言：

> 根据我特定的目的，我可能对体验提供给我的东西感到已经够了，然后随着一声"够了"，"我就这样中断了"。然而，我可以说服自己：没有最终的确定性，已经被体验过的事物总是仍然拥有无限的关于同一性的可能体验的视域。（p.32）

意向体验包含了实在的内容和观念的内容，我们借此栖居于思想、知觉、记忆、判断和感受中，以理解其本质。一方面，有"对象本身和以这种或那种方式所意指的对象。另一方面，我们在意义充实行为中拥有对象的理想关联，这构成了充实的感觉"（Husserl, 1970b, p.290）。胡塞尔在被意向时的对象（从一种视角或角度）和被意向的对象（从任何角度看它总是同一对象）之间做出了特殊的区分。它们通过意义给予统一起来（1970b, p.608）。不管是从侧面、前面还是后面看，一棵树(tree)的树性(tree性……)……持不变。从任何角度看，这棵树都持续……

每一种意向体……在其本源上显现、暗示并指出其……表达了对经院哲学和分析的……远全洞的语词分析！我们必须质问事情本身。回到经验，去看仅仅能够给予我们语词以意义和合理辩护的东西"（Husserl, 1965, p.96）。意向体验指向真正的实体、真正存在的对象。弗雷格很久以前就指出，当有人思考月亮时，它不只是月亮的观念，而且也是一种真实的意向体验，月亮在体验中是显现的参照物或现象（Follesdal, 1982, p.32）。

每一种意向体验都是主题性的。显现的现象和意识行为相互作用，至少与一个主题或参照物联系在一起（Husserl, 1931, p.304）。这是意向体验的假定特征：在具体的经验的构成中，至少有一个主题总是假定的。

意向体验的另一个方面是它的质料特征——以感觉和感受的方式包含在意识之中的东西。质料是在我们看所知觉的对象时所经历的体验或者对象的特性，如颜色和形状（Dreyfus & Hall, 1982, p.39）。这些促成了任何意向体验的意义。

意义是一门科学的先验现象学的核心。法伯（Farber, 1943）曾指出，这个表达"树是绿色的……充满着意义，这在观念的意义上是相同的"（p.223）。这样的命题在时间和空间中并没有一个位置，它们是非实在的（p.223）。如果我们的精神生活没有这些特征，那么，有条理的经验和科学知识将是不可能的（Farber, 1943, p.223）。法伯（Farber, 1943）提出了意义情境的三个特征：（1）行为是赋予意义和充实意义的，它们在通过直观和想象实现充实的过程中融合在一起；（2）每一个行为本身都包含一个意义；（3）每一个行为都指向一个意义对象（p.223）。意义引导一个人注视一个实体并受其引导。意义表现了意向体验中理性成分的特征。

意识行为的对象与其意义是密不可分的。科克尔曼斯把我们意识的本质特征描述为意义充实，它赋予对象特定的构成并与其密不可分（Kockelmans, 1967, pp.34-35）。

主体间的有效性

胡塞尔对单子论作为意向性知识基础的强调并没有排除主体间性知识的价值。这种知识对认识某人或某物是必要的，并对保证共在和共同体作为证实、强调和深化认识与体验的一种方式是必要的。在获得事物的本质和意义的不同观点时，自我和他我总是被给予的，并且是必要的。对胡塞尔而言，世界就是一个人类共同体。每个人都能体验和认识他人，不完全像一个人体验和认识自己那样，而是在移情和共在的意义上。在这一过程中，我向你展现我自己，你也向我展现你自己，有一种关于存在本质的知觉、感受、观点、判断的相互交流。当人们清楚地表达和描述他们的体验时，就会发生一种有效性的持续变更。关于实在的相互修正发生于社会性的交谈和对话中。通过主体间的交流，"在相互的理解中，我的体验和体验所得与他人的联系起来，类似于我的经验生活中一系列个人的体验之间的联系……一种统一就会产生，或至少肯定会尽可能提前为每个人所获得"（Husserl, 1970a, p.163）。

在主体间的交流中，一个人可以检验他们对彼此的理解以及他们对某事物的认识，"筛选出没有意义的干扰性短语……揭露和消除错误在这里也是很有可能的，就像它们在每一个有效的领域中一样"（Husserl, 1931, p.256）。在来回反复的社会互动中，挑战在于找到人际间的知识和经验现象的真相。

尽管主体间真理的价值得到承认，胡塞尔还是警告说，事物的真理确立的起点必须是个体的知觉，将事物视为一个孤独的自我。不管一个人的看法与他人有多么不同，这样的做法是错误的，即

直接跳入先验的主体间性，越过原初的"我"，我所悬置

的自我，这个永远不会失去其独特性和人称无变格的（personal indeclinability）自我……只有从自我及其先验功能和成就的系统出发，我们才能系统地展示先验主体间性及其先验的共同体（transcendental communalization）。（Husserl，1970a，pp.185-186）

不管我们多么想确切地认识事物，不管我们多么依赖于他人的经验来证实我们自己的经验，最终只有自明性的知识能够使我们彼此之间进行会意的交流。

返回自我，作为绝对认识事物存在方式的基础，是第一步也是最重要的一步。这种打开视野、返回事物并与其同在，放弃自然态度的过程，只有通过我自己的意识行为、我自己的意向体验、我自己与显现实体直接和开放地相遇才能发生，除此之外，别无他法。胡塞尔把自我认识作为不可置疑的原则："在这种独处中，我并非在某种程度上故意切断自身与人类社会关系的单一个体……所有人类以及人称代词的所有区分和排序，在我的悬置中都变成了一种现象"（1970a，p.184）。所以正是"我"，这个身处他人之中的人，孤独却又与他人——他们似乎是第一次看到并开始反思性地认识到在我的意识中唤起的意义——的社区不可分离。我就是那个赋予存在以本质，将本质返回到存在生活的人。

人文科学研究中的运用

在回顾先验现象学时，下述原则、过程和方法概括了人文科学研究的核心方面。

1.现象学关注事物的显象，返回到事物被给予的样子，消除常规和偏见，远离了我们在自然中以及日常生活的自然世界中被告知为真实的东西。

2.现象学关注整体，从很多侧面、角度和视角来检视实体，直到获得对现象或经验本质的统一看法。

3.现象学从显象中寻求意义，通过直观以及对经验的意识行为的反思获得本质，从而导向观念、概念、判断和理解。

4.现象学致力于经验的描述，而不是解释或分析。描述尽可能地保留事物的原始纹理（texture），它们的现象特质和物质属性。描述使现象保持活力、阐明它的在场、突出它的潜在意义、使现象继续存留、保持其精神，尽可能地接近它的真实本质。

在描述中，人们力图用生动、准确、完整的术语来呈现在意识和直观中显现的事物——图像、印象、文字图片，重与轻、甜与咸、苦与酸、宽阔与狭窄、冷与暖、粗糙与光滑的特征，听觉、触觉、视觉与味觉的感官特性，以及美学的特性。

5.现象学植根于那些给予意义以方向和焦点的问题，以及那些支撑研究、唤起进一步兴趣和关注的主题，并解释我们对所经历的一切热情参与的主题。在现象学研究中，研究者对她或他想要认识的任何东西有一种个人的兴趣。研究者与现象紧密地联系在一起。困惑是自传性的，它使记忆和历史成为发现的基本维度，它存在于当下并延伸到将来。

6.主体和客体是相互协调的——我所看到的与我怎样看到的，与我跟谁一起看到的，与我是谁交织在一起。我的知觉、我所知觉的事物，以及体验或行为相互关联使客体主观化和主体客观化。

7.在一项研究的各个方面，主体间的真实性是过程的一部分，但每一种知觉都始于我自己对一个问题、对象或经验及其意义的感觉。

8.经验的资料、我自己的思考、直观、反思以及判断被视为科学研究的主要证据。

9.研究问题作为一项研究的焦点同时也引导着该研究，必须被认真构建，每一个词都必须慎重选择和排序，以使主要词语立即显现出来，吸引我的注意力，指导和引导我在现象学过程中的看、反思和认识。每一种方法都与问题相关，都是为了阐明问题而开发的，并且描述了现象重要的、丰富的、分层的结构和意义。

"意向性"首先是作为意识本身的同义词产生的。我们总是意向性地意识某物；我们的意识指向一个方向并具有一种意义。当我们研究体验时，我们专注于我们的看、我们的听、我们的触摸、我们对体验本质的思考。我们考察体验何以是其所是，它在什么情况下显现，来自什么样的参照框架，以及它可能的意义是什么。为了能够处理像爱、美、愤怒、怀疑、嫉妒、喜悦等诸如此类的问题，我们首先把这些问题放入括号内[1]，排除我们先入为主的偏见和判断，搁置轻易告诉我们某物是什么的话语、声音和沉默。我们从特定的背景或视角，详细充分地描述一个问题、难题、情境或体验的所有性质和属性，从而使事件或体验呈现出生动的和本质的意义，清楚地描绘出其是什么。然后我们根据潜在的条件、诱发的因素、结构性的决定因素反思这些纹理（textural）描述，以获得它们的本质。我们将纹理的（textural）和结构的（structural）意义合并以获得体验的本质。

通常，寻求事物意义的过程需要悬置，它引导我们在做出判断之前去看，并在我们自己内心清理出一个空间，以便我们能够真正地看到我们眼前的以及我们内心的东西。它需要现象学还原引导我们从完整的陈述到不变的主题再到基本的纹理，然后再到基于纹理描述（textural description）线索的富有想象力的或本质的反思。从这些步骤中，我们获得了与普遍的时间性、空间性、身体性、物质性、因果性、自我与他者的关联性相关的本质。然后，我们在自身之中，从我们对他者的体验中，从对这些体验的反思中，认识了日常世界中实体和经验的意义和本质。

1　英文为"bracket"，即"括起来""放入括号内"或"加括号"，是对现象学还原的一种形象的表达。加括号的目的是对世界存在的基本信念进行悬置，即放入括号内，存而不论。——译者注

胡塞尔先验现象学中的假设

胡塞尔（Husserl, 1977）的现象学还原理论中出现的假设,包含在其著作《笛卡尔式的沉思》的"第一沉思"中,如下所示。

1.第一个假设,也许是最重要的一个假设是,你可以获得一个纯粹的或绝对的先验自我,一种完全无偏见、无预设的状态。我自己在悬置运用过程中的体验是,我能够搁置很多偏见。我想要用一种开放的和崭新的方法去认识事物,但是语言和习惯的问题依然存在,我自己根深蒂固的知觉方式和认识方式仍然会闯入。悬置原则的价值在于它能激励你去审视偏见,增强你的开放性,即使一种完美的和纯粹的状态是不可能实现的。

2.自明性是毋庸置疑的。这一断言预设了知觉的自我是一个真实的自我,这个自我是真实存在的。我与心理极度失常或疏离的人相处的经历,以及在日常交流中与许多人相处的经历,使我产生了相反的看法。自我往往是扭曲的和伪装的。它是作为一种角色显现的。一个真正的自我往往根本不能显现。因此,自明性可能源于错误的和非真实的参照、理解的扭曲以及对体验的认识。

即使自我真实地存在,一个完全自由的和无假设的状态本身就是有问题的。被视为不容置疑的自明性是不可能得到确证的。

3.绝对知识的存在是一种假设。"我思故我在"也许在生命的某一个时刻具有确定性,但是,我在我的生活中多次体验到,我并不能做出"我思"或"我在"这样的主张,在思维和存在本身远离我的真实体验的地方,我多次体验到明显的虚无或困惑。

4.看起来正在显现的东西是真实显现的。这里有一个假设,你能看到你所看到的东西。即使看了很多次,很多时候你也不能看到你所看到的东西。在意识中显现的东西是一种替代物或者扭曲的知觉、一种表象、一种伪装，并没有东西真的在那里。

5.正在显现的人是真实显现的。角色扮演、头戴面具、扮演一个角色，以及其他伪装都提供了正在显现的人实际上并不是在场的那个人的证据。有时候，一种扭曲的或者臆造的意象取代了真实的、真正的人或者成为其替代品。

萨利斯（Sallis, 1982）在其对表象与同一性关系的分析当中做了相关的评论。他说，要被事物本身所引导，就必须有一个事物：

> 只有当事物在其自身的基本同一性中，自我同一性中被构成时……我们才能诉诸事物本身，只有当事物自身（即事物固有的东西，构成事物同一性的东西）与事物的他者相区别时，才能加以界定……因此，在严格要求之下，存在一个同一性原则的假设，事物自身的同一性或者它的自我同一性的假设。（p.117）

无假设的纯粹自我状态，其本身就是一种假设。意识到先验现象学的局限性，并没有降低努力消除我们的偏见的价值，而是肯定和承认了悬置过程在所有的知识寻求和发现中的重要性。

教育中的应用

在我近些年所参与的高校——人文研究中心、联合学院研究生院、卡普顿大学（家庭生活研究所）——的教育项目，自始至终都强调和关注个人知识、自由探索和选择，以及个人见解、发现和自我评估的有效性。首先也是最重要的是，学生已经学会尽可能地澄清他们的偏见、先见和预断。他们已经学会了检查他们自己的意识知觉，关注内在存在的任何东西。

作为一个学习者,为了最先认识事物的本质及意义,我要倾听我自己内心的对话,尽可能地去除他人的声音、意见、判断和价值观。这是一项颇具挑战性的任务,因为我们在家庭、学校和社会中常常受到相反的教导。我们被期望去关注和重复他人关于真理的所思、所信和所说。

最终,对实在的有效理解需要个人的和社会的认识。但是,在我与他人的思想、理解和选择联系起来之前,我必须首先调整我自己的存在、思想和选择。在我考虑他人的观点之前,我必须获得我自己对事物的本质和意义的认识,对其真实性和价值做出我自己的决定。

对个人知识和自我发现的强调渗透在一百二十五年前出版的约翰·斯图亚特·密尔的《论自由》(John Stuart Mill, 1956)一书中。

> 没有人否认,人们应该被如此教导和训练……借助于人类经验所确定的结果去认识和获益。但是以自己的方式使用和解释经验是人类的一种特权和恰当条件。他的责任是找出所记录的经验当中哪一部分能够恰当地适用于他自己的情况和性格……人类的感知能力、判断能力、辨别力、智力活动甚至道德偏好想要得到锻炼……只有通过使用。

这种观点是我的课程和研讨班的主要关注点。在这些课程和研讨班中,我鼓励学习者进入一个真实的自我呈现、思考、选择的过程,作为一种发现和认识身份形成和自我的重要体验的本质和意义的方式。主要的方法包括:安静下来去倾听,达到一种内在的澄明;与一个突出的问题、议题,或者一个具体的人(包括一个人的自我)所关心的事,或者一个情境或事件联系起来;描述这一体验;确定特质、不变的要素和核心主题；考虑可能的意义；获得对体验本质的理解。

在我的研讨班中出现的一个典型问题是关于权力的。这种情况通常集中在一段关系或家庭中的人际生活上。问题产生了：权力的本质是什么？谁拥有权力？权力是如何传达的？使用什么策略来保持权力？做出关键决策的是谁？冲突是如何解决的？权力是由角色还是由能力决定的？权力是理性的还是非理性的？

这些以及与权力相关的类似问题，根据学习者的自我体验，通过案例得到描述性的探讨。挑战在于描述权力是什么以及它是如何产生的体验——感受、想法、感官反应，权力如何影响自我与他人的关系。在充分描述他们在人际关系及家庭中的权力体验的过程中，学习者发现了何谓权力以及权力的意义，它是如何在意识中显现自身的，它是如何与个性和认同相联系的。在结束本节时，我提供了一个案例，对一个学生所叙述的家庭中的权力和权威进行了描述性说明。

我的父亲在家里就是权力和权威。他年纪轻轻就结婚了，他对如何管教孩子有着固执的看法。他十分专断，凡事总是他说了算。这种控制依然存在。但由于他忙于工作和运动，我在一定程度上已经取代了他在我们家庭结构中的权力和权威……至于我的母亲，我总是用我自己的方式与她相处。

在很小的时候，我就意识到，我能轻而易举地对我的弟弟和妹妹发号施令。这种品质在我身上依然存在，我仍然支配着他们，但只在较低程度上。我八岁的时候，弟弟出生了，从一开始，我就训练他完全依赖我。我到处带着他，帮助他上学和运动，给他买他喜欢的任何东西。作为报答，他非常崇拜我，努力争取我的认可。

富特和科特雷尔在他们的著作《认同和人际间的能力》中，

将权力定义为"产生预期效果的能力"。作为一个孩子，我这样对待我的弟弟是无意识的，我喜欢他依赖我的感觉。这让我感觉到我比真实的自己更加强大，给予他安全感。这种权力关系肯定是消极的，但是它似乎满足了我们内心的一种需要。直到我去上大学，我们俩才开始学着独立地去生活。现在，我的弟弟在寻求我的认可，但是我永远不会被允许逃脱对他行使以前那种程度的权力而不受惩罚。

我在我的家庭中拥有权力，我的确意识到它的消极性。我的父母过分地依赖于我，我觉得这是因为我是家中最年长的孩子。明年我将搬走，我希望这将会导致他们个人积极力量的发展。

就我的个人权力而言，我是一个决策者，喜欢承担责任和控制——与其说支配他人，不如说愉悦自己。也许作为最年长的孩子，我的确认为权力是我生命中一样重要的东西，并力图去保持它。

这份报告中，我们有可能形成对权力意义的一种描述。对凯茜而言，这是一种影响他人、达到预期效果、对他人施加控制同时也愉悦自己的能力。它涉及支配他人、做出决策、承担责任。权力，正如凯茜所发展的，是角色的力量，最年长的孩子有意识地、刻意地创造依赖是为了感受她的力量，为了教导他们、照顾他们、帮助他们感觉到安全。通过这些方式，她唤起了其他的家庭成员对其意见和认可的需要。凯茜将这些特质视为消极权力的形式，她更倾向追求一种专注于实现自我利益的个人权力，但是在她身上仍然保留着这种用权力支配他人，并在某种程度上支配他们生活的需要。

结　论

当我在这次沉思冥想的旅程中接近尾声时，我满载着意象和想法，被热情发现的奇迹所震撼，我能够真正认识事物和人们的唯一途径是走向他们，一次又一次地返回到他们，让自己完全沉浸在眼前的事物中，从不同的角度、视角和位置去看、看到、去听、听到、去触摸，每一次都是崭新的，这样就会有持续不断的开放和学习，它们将彼此联系起来，与先前的知觉、理解和将来的可能性联系起来。换言之，我必须完全沉浸在我自己的世界中，毫无偏见和预判地接受别人所提供的东西。我必须暂时停下来，在意识、沉思和反思中考虑我自己的生活及其意义。我进入我自己有意识的反思和沉思中，敞开和扩展我对生活的感知，进而获得更深刻的意义和本质。这种外在于我的显象和实在与内在于我的反思性思考和意识之间的关联，实际上是人类的一种奇妙天赋。但是认识并不终结于关联、理解和意义的瞬间。这一旅程开启了揭示意义、真理和本质新的旅程前景——旅程中的旅程，在旅程之中。这也许是最能说明问题的事实，每一个站点都只是通向知识途中的一次暂停。虽然令人满意，但它只是一个新起点的灵感。对显象的认识和理性的探究并不是认识的终点。科学发现是永无止境的。体验永远不会结束和枯竭，新颖的和新鲜的意义永远存在于世界和我们之中。当联系建立起来，对意义的探索再次活跃起来时，这一过程又重新开始。我们的理解和满足感永无止境，我们对任何思想、事物或者人的认识或体验也没有尽头。至于一些困惑，我们只需要重新振作起来，一切都在它之中、通过它并超越它而得以明确化。存在于某物之内、存在于我们自身之内、存在于他人之内，并将这些外在的与内在的体验和意义关联起来的整个过程是无限的、无止

境的、永恒的。这就是认识和发现之美。它使我们永远保持清醒、充
满活力，并与生活中存在的和最重要的东西保持联系。

参考文献

Brentano, F. (1973). *Psychology from an empirical standpoint* (A. C. Rancurello, D. B.Terrell, & L. L. McAllister, Trans.). New York : Humanities Press.

Carr, D. (1977). Husserl's problematic concept of the life-world. In F. Elliston & P. McCormick (Eds.), *Husserl expositions and appraisals* (pp. 202-212). Notre Dame, IN: University of Notre Dame Press.

Descartes, R. (1988). *A discourse on method* (J. Veitch, Trans.). New York: E.P. Dutton. (Original work published 1912)

Descartes, R. (1977). *The essential writings* (J. Blom. Ed.).New York : Harper & Row.

Dreyfus, H. L., & Hall, H. (1982). *Husserl. Intentionality and cognitive science.* Cambridge: MIT Press.

Farber, M. (1943). *The foundation of phenomenology.* Albany : SUNY Press.

Follesdal, D. (1982). Brentano and Husserl on intention objects and perception. In H. L.Dreyfus & H. Hall (Eds.), *Husserl, intentionality, And cognitive science* (pp. 31-41).Cambridge : MIT Press.

Foote, N. N., & Cottrell, L. S. (1955). *Identity and interpersonal competence.* Chicago: University of Chicago Press.

Gurwitsch, A. (1966). *Studies in phenomenology and psychology.* Evanston, IL: Northwestern university press.

Harmon, W. W. (1991). On the shape of a new science. *ICIS Forum*, 21 (1), 50-55.

Husserl, E. (1931). *Ideas* (W. R. Boyce Gibson, Trans.). London : George Allen & Unwin.

Husserl, E. (1965). *Phenomenology and the crisis of philosophy* (Q. Lauer, Trans.). New York : Harper & Row.

Husserl, E. (1970a). *The crisis of European sciences and transcendental phenomenology:An introduction to phenomenological philosophy* (D. Carr, Trans.). Evanston, IL : Northwestern University Press.

Husserl, E. (1970b). *Logical investigations* (Vols. I & 2) (J. N. Findlay, Trans.). New York : Humanities Press.

Husserl, E. (1973). *Experience and judgment*(J. S. Churchill & K. Ameriks, Trans.). Evanston, IL : Northwestern University Press.

Husserl, E. (1975). *The Paris lectures* (P. Koestenbaum, Trans.) (2nd ed.). The Hague Martinus Nijhoff.

Husserl, E.(1977). *Cartesian meditations: An introduction to metaphysics*(D. Cairns, Trans.).The Hague Martinus Nijhorf.

Kant, I. (1966). *Critique of pure reason.* Garden City, NY : Doubleday.

Kockelmans, J. J. (1967). What is Phenomenology? In *Phenomenoogy* (pp. 24-36). Garden City, NY : Doubleday.

Landgrebe, L. (1977). Phenomenology as transcendental theory of history. In F. Elliston & P. McCormick (Eds.), *Husserl expositions and appraisals* (pp.101-113). Notre Dame, IN : University of Notre Dame Press.

Lauer, Q. (1967). On evidence. In J. J. Kockelmans (Ed.), *Phenomenology* (pp. 150-157).Garden City, NY : Doubleday.

Merleau-Ponty, M. (1962). *Phenomenology of perception* (C. Smith, Trans.). Boston: Routledge & Kegan Paul.

Mill, J. S. (1956). *On liberty.* Indianapolis: Bobbs-Merrill.

Miller, I. (1984). *Husserl, perceptions, and temporal awareness.* Cambridge : MIT Press.

Sallis, J.(1982). The identities of the things themselves. *Research In Phenomenology, XII,* 113-126.

Schutz, A. (1967). *A phenomenology of the social world* (G. Walsh & F. Lehnert, Trans.). Evanston, IL: Northwestern University Press.

Schutz, A. (1973). A common sense and scientific interpretation of human action. In R. Zaner & D. Ihde (Eds.), *Phenomenology and existentialism.* New York : G. P. Putnam.

van Kaam, A. (1969). *Existential foundations of psychology.* Garden City, NY: Doubleday.

4.

意向性、意向对象和意向活动[1]

　　也许在先验现象学中没有概念比意向性、意向对象和意向活动更充满复杂性了。同时，没有什么比人文科学的理解和在研究调查中寻求知识更重要的了。持续不断的争论再现了过去分析哲学家与先验哲学家之间的冲突：语言先于意义还是意义先于语言？知觉体验决定意义，还是意义是概念和判断的结果？意义是植根于体验本身，还是反思和事后思考的一种产物？人们普遍认为，意义是知觉、记忆、判断、感受和思考的核心。人们一般还认为，在知觉时，一个人正在知觉某物（无论它是否真实存在）；一个人在回忆某事，判断某事，感受某事，思考某事时，也不会管这些事情真实与否。人们还一致认为，意向性引导意识指向某事物（真实的或者想象的，实在的或不存在的）；意向对象给予意识指向具体对象的方向。意向对象将人们所看到的、触摸到的、思考的或感受的事物赋

1　"意向对象（noema）"和"意向活动（noesis）"是胡塞尔意向性学说当中一对相互依存、相伴而生的概念。国内现象学研究者倪梁康先生将"noema"译为"意向相关项"。他认为，胡塞尔本人对此概念的含混使用导致了后人理解的分歧，即"意向相关项"究竟是指"对象"还是指"意义"。(详见：倪梁康.胡塞尔现象学概念通释（修订版）[M].北京：生活·读书·新知三联书店,2007:314–315.)国内现象学研究者张祥龙先生从现象学研究领域的角度对"意向活动"和"意向对象"的关系进行了解读。他认为，意识包括实项内容（即意向活动和感觉材料）和意向内容（意识对象及其被给予的方式）。意向活动激活了感觉材料，统摄感觉材料，然后构成了意向对象。(详见：张祥龙.现象学导论七讲[M].北京：中国人民大学出版社,2010:48–49.)——译者注

予意义。所有的体验都具有本质的意义。

　　本章的目标是探索植根于意向对象和意向活动概念之中的意向性，以实用的方式向前推进对这些概念的基本理解和运用。

意向对象和意向活动

　　胡塞尔（Husserl，1931）在《观念》中介绍了意向活动和意向对象的概念，他说，意向活动构成了心灵和精神，使我们意识到知觉、记忆、判断、思想和感受中任何东西的意义或含义（p.249）。意向活动是指涉心理的，相比之下，感觉是指涉物理的。胡塞尔认为，"心理的"这个词是一个令人误解的术语，他更宁愿使用思考、反思、感受、记忆和判断这些直白的语言。在意向体验中，有一个质料（material）方面和一个意向活动（noetic）或者观念的（ideal）方面。

　　意向活动产生了对某物的意识。在意向活动中并通过意向活动，对象得以显现、展现（shine forth），并被"理性地"确定（1931，p.251）。

　　意向活动指涉知觉、感受、思考、记忆或者判断行为——所有这些行为蕴含的意义在意识中被掩盖和隐藏起来。这些意义必须被认识和被揭示。

　　意向性当中的另一个核心概念是意向对象。意向对象在各个方面都对应着意向活动。无论意向活动存在于哪里，它总是与意向对象直接相关。在知觉中，意向对象是知觉的意义或者被知觉的事物本身；在回忆中，意向对象是诸如被记起的事物本身；在判断中，意向对象是被判断的事物本身（Husserl，1931，p.258）。伊德（Ihde，1977）提供了这种区分：意向对象就是被体验物、体验的内容，与客体相关。意向活动是事物被体验的方式、体验或体验的行为，与主体相关

（p.43）。

在知觉中，有些问题会凸显出来："被如此知觉的是什么？"（Husserl, 1931, p.260）。构成实体本质的知觉体验的本质特征或阶段是什么？胡塞尔说："在完全臣服于实际被给予者的等待过程中，我们赢得了对我们问题的答复。然后根据完全的自明性，我们能够如实地描述'如此显现的东西'"（p.260）。

胡塞尔在意向对象、意识中显现的对象和真实的对象之间做了区分，对知觉中的观念和基于日常自然态度被知觉到的实在进行了区分。他说，

> 显而易见，这棵树在本质上不同于这棵被知觉到的树，被知觉到的树作为知觉的意义属于知觉，并且是不可分割的。很明显，这棵树可以被烧毁，将自身分解成化学成分等。但是，知觉的意义必然属于它的本质——不可能被烧毁；它没有化学成分、没有能量，没有实在的属性。（Husserl, 1931, p.260）

意向活动和意向对象都指向意义。当我们注视某物时，我们直观地看到的东西构成了它的意义。当我们反思某物获得它的本质时，我们发现了意义的另一个主要成分。在某种程度上，一个对象的知觉意义指向一个实在，我们在描述一个真实的事物。对事物的描述包含了它的意义。因此，胡塞尔的"回到事情本身"是对认识植根于意义而非对物理对象的分析的一种强调方式。

当你对所看到的和描述的东西进行反思时，你将开始理解被隐匿的意义。每次你注视某事物、判断某事物时，你所看到的就是它的意向对象，被知觉或被判断的事物本身。这一过程有许多内在的意义，意向对象以这种方式联系或综合，从而使一个人不仅认识事物的

部分或视角面，而且还认识它的统一或整体。胡塞尔把完整实体的局部视图称之为意向对象的阶段。这些阶段彼此相符合，彼此增添了意义的层次，彼此相互联系，形成了一种关于事物整体的综合意义。在一次又一次的注视和反思过程中，面临的挑战是获得真实、准确和完整的描述，无论是观察事物，让其停留在你面前的预备阶段，还是对体验进行反思，揭示其隐含意义的意向活动（noetic）阶段。胡塞尔（Husserl, 1931）强调了描述的重要意义："决定性的因素首先在于，以现象学的纯粹性绝对忠实地描述摆在我们眼前的事物，并与所有超越被给予者的解释保持距离"（p.262）。只有被给予的东西才会被强调和重复，只有体验所意向的东西才会被描述，只有当我们知觉、思考和感觉时，事物才会显现自身。

就意向对象而言，意义就是在知觉行为、记忆行为或判断行为中被给予的东西，也就是被意向的、显现的、被呈现的东西；只有意向对象阶段的核心和重点总是涉及理解某物的本质及其意义。内在的知觉、表象和体验共同致力于获得被知觉事物的意义。

"即时直接地呈现给意识的事物，"伊迪（Edie, 1967）说，"被相互关联的'视域'——这些视域构成了知觉体验的'意义'或结构——所环绕并被给予……这就是被体验到的东西——与'事物本身'的联系——而不是一种理智或概念上的构建"（pp.243-244）。

我们不能忽略这样一个事实，一个处于知觉中的人，就是知觉所给予的事物与之相遇的人，一个可以被唤起记忆、期望、想象或者判断的人，一个与"事物本身"和"作为一个整体的事物"相关联的人。胡塞尔（Husserl, 1931）让我们密切注意这一意义："真实的对象就是外在的那个事物。我们看着它、面对它、我们把眼睛转向它、注视着它，就像我们发现它就在我们对面的空间里一样，所以我们描述它并做出关于它的陈述"（p.264）。

无论一个人是在知觉、记忆、判断还是在想象，在他对某物的意向体验中总有一些共性。与此同时，每一种体验的模式或行为都有其独特的意义。

当一个人不可避免地知觉、想象或判断某事物时，正如他从一种不同的参照系、情绪或内在声音去观察，变化必然会发生。当一个人充满自信地去看时，他所看到的将完全不同于心存怀疑时所看到的。一开始看起来简单的东西，突然充满了模糊性，我们想知道

> 我们是否还没有成为纯粹"幻觉"的受害者……事物"显示"为一个男人。然后一种相反的想法出现了：它可能是一棵在动的树，在幽暗的树林中就像一个人在移动。但是这种"可能"的"重要性"现在得到极大的强化，我们也许决定支持"那肯定是一棵树"的明确假设。（Husserl，1931，pp.297-298）

对于每一个在不完美的被给予性中显现的意向对象，都有其完美的理想可能性，可能使它达到一种更明确、更可靠的形式、一种更完美的直观。不充分的描述或者未完成的意识行为激发人们持续地观察和思考，持续思考其他可能的视角、理解、判断，以及事物的本质。胡塞尔（Husserl, 1931）强调说：

> 没有哪一种对事物的知觉是终结性的和确定性的；空间总是为新的知觉保留着，它将……填满知觉的缝隙……每一种知觉和知觉的各个方面都能够得到扩展；这一过程因而是无止境的；因而没有哪一种对事情本质的直观理解是如此完整，以至于进一步的知觉不能给它带来意向对象方面的新东西。（p.414）

在回忆某一体验的过程中，比如，遮蔽被澄清；细节被增加；改进带来新的声音、声响和景象；当我们扩展和修正我们的知觉、记忆和判断时，当我们阐明我们的体验时，这是一种自然的过程。这一反思过程使得对意向活动和意向对象的意向性结构的深入探索成为可能。它所需要的是自我瞥视的目光，从知觉的内在焦点转向记忆的磁力、想象的荣耀、判断的合理断言，"四处徘徊，传递给记忆……或者进入想象的世界"（Husserl, 1931, p.268）。在探索中，越来越深层的意义得以显露；体验的特性和构成得以存留和持久。现象的质料要素经历（通过意向活动阶段）"'形式塑造'和'意义给予'，我们通过对这些对质料要素的反思来把握它们"（1931, p.284）。意向对象的要素依赖于意向活动的阶段；意向活动阶段返回意向对象的特征；这样一种节奏建立起来。对一种体验更充实、更广泛的描述得以实现。这种由一种现象以及我们对现象的知觉到我们对意识体验的反思性审视的转变，贯穿于现象学研究的始终。

每当新的体验要素显现时，不同的意识行为把我们引向对这一体验的新理解。当我们反复思考意向体验时，它的特征和特质以及作为一个整体变得越来越清晰。意向对象特征的描述是客体的要素，总是与主体意识——意向活动——有关。意向活动的描述总是主体性的，与被知觉的对象相关。胡塞尔（Husserl, 1931）兴奋地说，

> 完全可靠的内容在每一个意向对象中得到标记。每一种意识都有它自己的"内容"和"它的"目标。显而易见，就每一种意识而言，我们必须在原则上能够对同一目标进行意向对象的描述，"正如其所意谓的"。（p.364）

每一个意向活动都指向某一对象或实体，"并非一块未分化的白

板,而是……可描述的多样性的结构,这一结构具有十分确定的意向活动—意向对象的构成"(Husserl, 1977, p.40)。

当然,在反复地从显象到意识再到体验的过程中,人总是存在的。有一个存在的个体先于任何意识或者对现象的指向或者意向体验。可以假定,这个人已经把偏见搁置起来,随时准备注视任何显现的事物并与该现象待在一起,直到现象被理解,直到实现知觉的终结。自始至终,无论在意向对象阶段还是意向活动的演变中,生活在日常世界中的人作为一个自我存在着,既独立于他我,又与他我交融。伊德(Ihde, 1977)强调说,现象学过程始于一个自我——它有意识地思考、记忆、知觉、想象和判断,并通过意向对象被引向某些事物(真实的或不存在的),一个在显象和反思之间穿梭的人。在知觉意识行为中,人与对象的统一是难以消除的。任何时候,一段不同寻常的记忆、一个现象或者引人注目的事物都可以令人着迷。

我一直强调意向活动和意向对象之间的密切关系。尽管存在这种持续的关联,但我们在体验中,仍有可能聚焦于外部并注视现象本身,如其向我们显现地那样描述现象,并且不断地观察和聚焦,直到我们将它的许多维度合并在一起。在这一过程中,我们的注意力一直是向外指涉的。意向对象引导我们以一种前反思的方式对现象进行直观的说明。我们看和描述,再看再描述,直到我们的意向有一种充实感,达到一种突破的感觉,直到有一种完成或结束的感觉,一种真正知道了在我们面前的是何物的感觉。

在对这一过程的评论中,一些有趣的问题引起了我们的关注:是我们的意识通过意向对象使我们指向现象,还是现象本身在召唤我们?当然,当实体是另一个人时,很显然它可以以任何一种方式发生。我可以被召唤,或者我正在召唤。或者,可能有一种相互的、即时的吸引。但如果是一棵树、一片树叶、一块石头、一条河流或者山涧、一片云呢？当我们注视这些实体时，他们中间难道没有一些东西注视着我们吗？是什么把我们吸引到某物那儿？迫使我们趋向一种现象而不是另一种的，如胡塞尔所宣称的，难道不是意向对象吗？或者在一切事物的本性中，是否存在着某些固有的相互召唤或吸引的东西呢？为什么我会对一种石头情有独钟而不是另一种呢？真的是我身上的某种东西驱使我朝向一个方向而不是另一个方向吗？

现象中的某些事物可以像磁铁一样把我吸引到它那儿。我身上的某些东西可能会迫使我偏向某些特定的人或物。或者，一些相互吸引或者与他人瞬间的和谐，共同促成了我们彼此之间的结合和联系。无论如何，当凝视外在的事物时，在那一瞬间，就有了一种意向对象的意义和直观，直观在最初的视觉、触觉或芳香中充实了这一现象，在某种程度上，使空虚的存在充满了意义。

内在地看也是有可能的，直接地和特意地审视一个人对某物的意识体验（正如我刚刚在我自己对意向对象意义的反思中、对外在知觉本质的反思中、对存在和人的方式的反思中所表明的）。知觉、记忆、想象、判断的经验本身总是相关于某物，总是向我的思考、我的反思敞开。当我内在地看时，我越来越能够描述内在于我意识行为的不同的可能性和意义，直至我对已经获得的包含了我整个体验的全面、完整的意义感到满意。

最终，为了获得现象的本质，我必须把意向对象和意向活动统一起来，即使我关注的焦点基本上是外在的或者是内在的。意向对象—意向活动的交织、节奏创造了一种和谐和对一种体验的完整理解。

在考虑意向性时，许多其他的思想作为基本主题突显出来，这些主题将在下面的章节中得到讨论。

同一性和时间性

同一性是如何形成的，以及它是如何与时间性相联系的，是先验现象学中的一个持续的主题。古尔维奇（Gurwitsch, 1966）从哲学的视角详尽地考查了这些概念，认为意向对象—意向活动过程是这一问题的回答，即对同一的和可确认为同一的对象在经历时间的变化后如何保持同一性（pp.131-132）。在这一过程中，有一种"行为如同心理生活中的一个真实事件，在现象时间的某个时刻发生、持续、消失，并且当它消失后，就永远不会再回来了"（p.132），并且在知觉主体的头脑中也存在一些东西。那么，一种现象就其本身而言，无论我们多少次或多么急剧地远离它，怎么可能在知觉中始终是相同的，怎么可能一直被识别出来。无论实体是通过知觉、想象、回忆还是期望而存在，它依然保持着同一性。每次它显现时依然是同一个实体。

在知觉的每一时刻，我们都发现自己所知觉的事物有所变化。一个事物不断地消逝，另一个事物不断地显现，但是每次都有一些本质的东西被保留下来，并被带入下一个时刻。古尔维奇（Gurwitsch, 1966）认为，同一性和时间性是相互关联的，就像意向对象和意向活动的孪生关系（pp.136-137）。在获得这种看法的过程中，古尔维奇考虑了休谟和胡塞尔的构想，得出结论说，休谟没有充分考虑到，同一性的本质和意义受到时间性的影响并与之相关。对休谟而言，只需要时间性来解释一个对象连续显现的同一性。他说，在对一个实体的不同观察中，感觉材料间的相似性使得心灵能够顺畅轻松地从一种知觉过渡到另一种知觉。

它几乎意识不到这种过渡。这种相似性使心灵处于一种状态，类似于它在一段时间内不间断地考察一个不变的对象

> 时所处的状态；这种后来的状态产生了同一性的思想……心
> 灵将相似性误认为同一性。（Gurwitsch，1967，p.121）

这意味着，无论你睁开和闭上眼睛多少次，比如，在观察一盏特定的
灯时，尽管在知觉中有很多变化，但你每次看到的都是同一盏灯。根
据休谟的思想，每一次心灵都必须回忆起先前的知觉，牢牢抓住最突
出的核心内容，消除那些会使对象呈现出不同的细节。因为同一性存
在于一种视相似的事物为单一实在的错觉中，于是所有干扰的细节消
失了（Gurwitsch, 1966, p.122）。通过想象，你每次把灯知觉为一个
单一的、同一的对象。想象虚构了"一种'持续存在'的假象，它归
因于'被破坏和中断的'显象"（Gurwitsch, 1966, p.128）。

　　在这种观点中，同一性和时间性是彼此相违背的。时间性破坏
了同一性，同时给人一种错觉，认为返回到意识中的事物可以被确认
为先前出现的事物。在提及休谟的论题时，古尔维奇（Gurwitsch,
1967）评论说："只要我们足够粗心，我们就可能相信同一性，尽管事
实上只有一系列相似的东西"（p.124）。尽管如此，在日常经验中，我
们能够确证，我们昨天所看到的今天依然会看到。因此，在经验中，
同一性和时间性结合在一起。

　　胡塞尔运用他的意向性理论，特别是意向对象—意向活动的过
程，通过把同一性和时间性关联起来解决了这个问题（Gurwitsch,
1967, p.127）。无论一系列什么样的知觉一个接着一个，对象在多样
性的知觉中都表现为同一对象。从不同的角度来看，相同的对象持续
地显现在意识中。我对一栋房子的体验仍然是关于同一栋房子的，尽
管我可以在其意向对象阶段从不同的角度去看，从前面到侧面再到后
面。为了详细说明这一点，古尔维奇（Gurwitsch, 1967）说："这些知
觉进入一种相互确认的综合，正是通过这种综合并在这种综合中，以

及相应的意向对象之间对应的综合中，相继显现的事物才将自身构成为意识的真实事物，它是同一个且完全相同"（p.129）。随着每一个转瞬即逝的知觉，我观察并描述一个事物的多重特征，"它们在本质上属于这个同一的所思对象"（Husserl, 1977, p.40）。

每一种意向对象的知觉，都随着它的时间阶段进入和离开；这些阶段彼此联系，所以尽管有变化的表象，但一种诸阶段的统一定会发生，即一种标志着现象同一性的综合。各种各样的显象构成了一个持续显现的同一现象（Husserl, 1977, p.42）。在意识中被确认的对象是意向的。同样的现象能够在一种连续的意识形式——记忆、知觉或想象——中显现。胡塞尔（Husserl, 1977）评论说："一种包括这些分离过程的统一意识产生了同一性的意识，从而使任何关于同一性的认识成为可能……这种普遍性综合的基本形式，这种使所有其他意识综合成为可能的形式，就是包罗万象的内时间意识"（pp.42-43）。

持续的时间也是理解如何识别对象的一个主要因素。"每一个真实的现在"持续不断地转变为"曾经是真实的现在……现在的瞬间不再存在，但是以'刚才存在'的形式保留在'原初记忆'中"（Gurwitsch, 1967, p.132）。持续不断地变化构成了"意识流的特征"（stream character of consciousness）（p.133）。

符号与直观

先验现象学的另一个组成部分是强调两种类型的意向之间的区分：符号意向，它是"空虚的"，指向的某物位于自身之外；直观意向，它直接指向某物，并在某种程度上充实它。直观意向直击目标，使我们对意向对象的一些特征或特性，以及最终对整体的理解成为可能，但是符号意向指向缺席的事物。它宣称事物在直观之内有显现或者存在的可能性。在《逻辑研究》中，胡塞尔（Husserl, 1970）说，符号行为构成了对象显现的最低层次，"它们没有任何充实"（p.761）。符号制造了它的显象，并且在这个过程中，指向并可能引起一种无意识的表达，或者它可以与对事物的直观把握相联系，从而将直观带入表达。

意向体验的"充实"是理解意向对象和意向活动的一个重要因素。胡塞尔（Husserl, 1931）强调，意义的充实并非唯一的关注重点。充实的方式本身就是其意义的必要条件。他强调说："体验意义的方式之一是'直观'，借此，我们通过直接的精神目光意识到了'意谓对象（meant object）本身'"（p.380）。因此，知觉直观是一种充实行为。德莱弗斯和霍尔（Dreyfus and Hall, 1982）也对此进行了评论，具体而言：（1）它充实某一符号性意向，（2）它必须在感觉上被给予"一个仅仅指向其对象的符号性意向，直观意向给予它'在场'"（p.103）。符号行为旨在使其对象具有符号所赋予、认可和预期的某些特征，而直观行为则确定它的对象。

纹理和结构[1]

在考虑将描述作为呈现意向体验的主要方法时，一些基本问题产生了：现象的本质是什么？它的特质是什么？在不同的时间和条件下显现的是什么？描述的挑战在于确定体验——显现的现象的内容——的纹理（textural）构成。伊德（Ihde, 1977）声称："每一种体

---

[1] 英文"texture"和"structure"都有"结构、构造"的意思。但是作者在成对使用这两个词时，意义具有本质的不同。本义上texture就更偏重肌理、质地，更为细节。为了在译文上加以区分，本书将"texture"译为"纹理"，而将"structure"译为"结构"，相应的将"textural"译为"纹理的"，将"structural"译为"结构的"。——译者注

验都有其所指涉的或者所指向的被体验之物，反之，每一种体验的现象都指出或者反映了它所呈现的一种体验模式"（**pp.42-43**）。为了达到意向对象阶段和被给予的充实的意向对象，正是这个"什么"必须从纹理（**texturally**）上加以阐明。在对体验的纹理描述中，没有什么被忽略；每一维度或阶段都必须给予同等的关注并被包括在内。在先验现象学中，我们始于对一个现象的加括号[1]，即悬置后自然世界中留存的剩余物。正是这个在括号之内的东西，需要我们从许多方面、角度和视角进行纹理描述，直到达到一种充实的感觉。从对所显现之物和被给予之物纹理（**texture**）的广泛描述中，我们能够描述这一现象是如何被体验的。这意味着，将一个人关注的焦点转向促成纹理特质、感受、感觉经验和思想的条件，以及构成纹理基础并与其紧密相关的结构。基恩（**Keen, 1975**）将结构定义为"只有通过反思才能把握的嵌入日常体验的秩序"（**p.46**）。因此，尽管对意向对象相关项和整个意向对象的纹理描述是直观的和前反思的，但是为了获得核心的结构意义，结构描述则涉及思考、判断、想象以及回忆等意识行为。结构构成了纹理的基础并内在于它们。基恩（**Keen, 1975**）评论说："没有隐含的结构概念，纹理描述是不可能的"（**p.58**）。纹理和结构处于一种持续的关系中。在阐明意向体验的过程中，我们从被体验物和用具体完整的术语所描述的事物，即从体验的"所是""转向体验'如何'的反身性参照（**reflexive reference**）"（**Ihde, 1977, p.50**）。

---

1 英文为"bracketing"。"加括号"是胡塞尔对现象学还原方法的一种形象的比喻。胡塞尔在真正转向现象学之前，获得的是数学博士学位，"加括号"的比喻可能来自数学，在数学运算中，可以先将括号内的表达式暂时搁置起来，存而不论。"加括号"是指把与自然态度相联系的种种假设，特别是关于世界存在的基本信念，即自然态度的总设定纳入括号内悬置起来。（详见：莫兰，科恩.胡塞尔词典 [M].李幼蒸，译.北京：中国人民大学出版社,2013:28.）简言之，"加括号"的目的是使我们摆脱习以为常的自然态度，从而转向现象本身。——译者注

纹理和结构的关系不是客体与主体或者具体与抽象的关系，而是显现者与隐藏者的关系，它们结合在一起，在理解一种现象或体验的本质过程中创造出一种充实。基恩（Keen, 1975）建议说：“在现象学工作的任何特定阶段，纹理和结构的相互关联并没有排除聚焦于其中一个或另一个的可能性”（p.59）。

知觉抑或概念

关于意向对象本质的一个主要分歧一直是先验哲学关注的焦点，特别是胡塞尔所说的到底是什么意思。一种主张是，意向对象是一个概念，一个完全与被意指的对象相分离的抽象的实体；相反的观点是，意向对象是一种与对象本身紧密相连的知觉。知觉是一个概念，知觉体验却不是。人们一致认为，意向对象有两个构成部分：一个对所有行为都是相同的，不管它们的独断特征如何（无论一个行为是知觉、记忆、判断等）；另一个在不同的独断特征的行为中是不同的（Follesdal, 1982, p.75）。这个问题从意向对象和被意指的对象之间关系的真实性来看变得很明显。它不是意向对象是否指向知觉、记忆或者判断的问题，而是意向对象和实体之间的关系问题。胡塞尔（Husserl, 1970）说：“事实上，对象并不是完全作为它本身而被给予的。它仅仅从‘正面’被给予，仅仅是按透视法缩短或被投射的”（p.712）。他补充说：“无论如何，我们必须注意，这个对象就其本身而言……并非完全不同于我们在知觉中所认识的对象，尽管它在知觉中不够完美”（p.713）。而且，“在知觉中，对象从这个侧面显现……它时而显得很近，时而显得遥远，等等。在每一种知觉中，尽管有这些不同，在那里的始终是同一个对象，在每一种知觉中，它都是在其熟悉的和知觉呈现的属性的完整范围内被意指的"（p.714）。再重复一遍："对象，就其本身而言——就其唯一相关和可理解的意义而言……并非完全不同于我们所认识的对象，尽管它在知觉中并不完美"（Husserl, 1970, p.713）。

霍尔姆斯（Holmes, 1975）提出了一个类似的观点，认为对象和意向对象是联系在一起的。他提出了意向对象的三个要素："（a）意向对象，（b）意向对象的意义，以及（c）它们被给予的特定方式"（p.153）。关键在于意向对象和所意指的对象都是意向体验不可分割的部分，我们所意向性地看到的与实际所显现的具有一种直接的关系。

所罗门（Solomon, 1977）也坚信："胡塞尔的意向对象概念试图为知觉问题以及必然真理和判断的基础建立一个共同点"（p.169）。所罗门提出，知觉和判断进入意向体验，当它表明被知觉的事物本身并非被知觉的事物本身时，荒谬就产生了，因为所有的体验都需要意义，不是作为事后反思性判断的一种奢侈品，而是为了让其成为一种关于任何事物的体验（pp.175-179）。

在我们认识事物的最初努力中，有一种知觉和概念的不断流动；意义和观念一样被直接卷入意向对象的阶段。我们知觉和概念化每一种情况，其目的是在一种清晰和充分的意义上描述现象。我们可能会更引人注目地，以一种更专注的方式，在我们最初的直观中或者在作为可能性存在的事物的意义上看到。因此，与现象自发的相遇能够使新的观点在很大程度上通过知觉而产生。当我们反复地看时，就会有一种从前反思的被给予性到反思的焦点的运动。注意力从内在知觉——它在有意识地认识被意指的对象时是自发的和直接的——转向一种外在的反思过程，转向一种包括挑选、判断和选择在内的外在反思过程。在意向对象—意向活动的关系中，会有一种向内在意识的转向，在那里观念和判断更充分地成为我们关注的焦点。通过知觉，我们满足了加括号和现象学还原的要求，并且能够形成充分的纹理描述。随着反思过程变得越来越明显和必要，关注的焦点从知觉转向概念，从纹理转向结构，从直接的东西转向可能的意义。在这种寻求中，实在和观念之间持续不断地相互作用，最终走向观念、理解和判断。知觉在阐明我们体验的"内容"时把纹理描述带入生活，而反思和概念化则挖掘出隐藏的意义。这样，知觉和概念都进入了所有意向对象和意向活动的阶段，一个首先突出出来，然后是另一个，最终的挑战是一种知觉和认知的整合，以达到本质的意义。

意向性提供了一种如其所显现地那样知觉和看待事物的自由，允许其所是，并且使对现象的认识、阐明和综合成为可能。本质和存在相融合，促进了人类知识的不断丰富和扩展，以及人、意识体验与事物之间持续地对话和交流。

时间体验

从这些研究中，以及把我完全束缚在时钟的每一个小时的一个事件中，我发觉自己不由自主地进入了一种现象的描述，即我在知觉、记忆、判断、感受、渴望中对时间的体验，它的到来、持续和流逝，它的意向对象和意向活动的方式。我提供了以下表达，作为对由意向性、意向对象和意向活动的研究所产生的时间的个人意义的一种反思，作为加括号的结果以及作为对时间体验的阐明。

在我的生命中有许多次，时间掌握着存在、意义、突发事件、痛苦与不幸的钥匙。

我能够记起那些我想紧紧抓住、尽情享受以及保护的时刻，那些刚刚开始或者还没达到满足的巅峰时刻。时光飞逝，成长停止了；别离或者被抛弃的时刻在我心中唤起的深厚感情最终消失了，带给我一种宁静的感觉，以及对一些新的意义时刻的期待。

有些季节，我渴望、渴求和触摸一切。夏日的闲暇与遐想，憧憬与旅行结束得太快。夏日的满足，在我的内心准备就绪之前，在我的内在时间可以诉说并使自身被充分认识之前，最终随着树叶颜色的转变和秋季学校生活的回归而结束。

秋天也打开了新的世界，使得缓慢而渐进的漫步成为可能，秋天带来的色彩和形状，唤醒了光芒四射的能量和丰富的体验。

春天使我向新的发现、冒险的刺激、对风雨和爱的拥抱敞开心扉。在我能够意识到并珍惜在我心中唤起的奇迹之前，这些突然也都烟消云散了。

冬天触动了我的心，使我完全进入了存在和关联的新节奏，沉浸在寒冷的意义之中，进入危险和逆境的挑战中，然而，内心深处的某种东西依然充满渴望地等待春天的到来。

时间永远跟随着我，紧紧抓住我，体验的时间、公共的时间、内在的时间、外在的时间，持续性、连续性、强度和在场。过去的时光，我想忘记或记起；现在的瞬间，要么停滞不前或被冻结，要么移动地太慢或太快；未来，充满着太多的不确定性、警示、预兆，或者提供了机遇和机会。

是时间进入每一瞬间，是时间让我恢复理智，让我冷漠地面对现实，或者令我热情地触摸和治愈最重要的东西，时间带来了阴影和光亮。时间就存在于我的意识之中，如影相随，从不让我随遇而安，假如没有时间，我只有永远处于等待之中。

时间，啊时间，你来得那么突然，闯入我的世界，让我颤抖，让我卑微，教给我生活的奥秘和苦恼。

时间，缓慢而平缓，迅速而坚定，当你不需要的时候显得太多，在渴望的时候又感觉太少。

时间，你逗留而持久，你创造了现在、昨天、明天、永远的感觉。你带走了现在、过去和将来的一切。

这一次让它成为我的时间，让它成为我永恒的选择，让我仅仅根据我的内心之光来移动事物。就这一次，让其成为我永恒的时间。

我想阻止你，赶超你，重新活一次，去感受安静的喜悦，去回答我内心尚未完成和尚未解决的问题。

啊，时间，你遥远的迹象总是在那里；现在请走近我，让我了解我的恐惧和勇气的意义。

时间，你是我的生命，我的爱人，我的死亡；永远开始、永远结束，太早、太晚，太慢、太快。你融入每一句"你好"，每一句"再见"。

时间，我现在屈服于你。我随你一起漂流到未知的感受中，漂流到未表达的思想中，漂流到水、泥土和空气的神秘中，漂流到月亮、太阳和星星的旅居中，漂流到身边和远方的人们的今天、明天、昨天的荣耀之中。

参考文献

Dreyfus, H. L., & Hall, H. (1982). Husserl's perceptual noema. In *Husserl, intentionality and cognitive science* (pp. 97-123). Cambridge: MIT Press.

Edie, J. M. (1967). Transcendental phenomenology and existentialism. In. J. J. Kockelmans (Ed.), *Phenomenology* (pp. 237-251). Garden City, NY: Doubleday.

Follesdal, D. (1982). Husserl's notions of noema. In H. L. Dreyfus (Ed.), *Husserl, intentionality and cognitive science* (pp.73-90). Cambridge: MIT Press.

Gurwitsch, A. (1966). *Studies in phenomenology and psychology*. Evanston, IL:North-western University Press.

Gurwitsch, A. (1967). On the intentionality of consciousness. In J. J. Kockelmans (Ed.), *Phenomenology* (pp. 118-137). Garden City, NY: Doubleday.

Holmes, A. (1975). An explication of Husserl's theory of the noema. *Research in Phenomenology*, 5, 143-153.

Husserl, E. (1931). *Ideas* (W. R. Boyce Gibson, Trans.). London: George Allen & Unwin.

Husserl, E. (1970). *Logical investigations* (J. N. Findlay, Trans.). New York: Humanities Press.

Husserl, E. (1977). *Cartesian meditations: An introduction to metaphysics* (D. Cairns, Trans.). The Hague: Martinus Nijhoff.

Ihde, D. (1977). *Experimental phenomenology.* New York: G. P. Putnam.

Keen, E. (1975). *Doing research phenomenologically.* Unpublished manuscript, Bucknell University, Lewisburg, PA.

Solomon, R. C. (1977). Husserl's concept of noema. In F. Elliston & P. McCormick (Eds.), *Husserl: Expositions and appraisals* (pp.168-181). Notre Dame, IN: University of Notre Dame Press.

5.

悬置、现象学还原、想象变更和综合

现象学研究的明见性来源于对生活体验的第一人称描述。

根据现象学的原则，当通过描述——使得对体验的意义和本质的理解成为可能——来实现对知识的寻求时，科学研究才是有效的。胡塞尔（Husserl, 1970b）认为，

> 我们必须排除所有的经验解释和存在的信念，我们必须将内在体验到的或者其他内在直观到的东西（比如，在纯粹的想象中）作为纯粹的体验，作为我们观念化行为的典型基础。……这样，我们获得了纯粹现象学的洞见，它在这里朝向实在（实项）的构成，其描述完全是"观念的"，并且摆脱了……实在存在的预设。（p.577）

悬置过程

胡塞尔把摆脱假设称为悬置（Epoche），这个希腊词意指远离或避免。悬置把我和我的希腊根源（Greek roots）联系起来，它包含了我父母的声音，他们对关心的表达，提醒我要保持警觉，要谨慎观

察，要看到真正存在的东西，远离认识事物、人和事件的习惯。

在悬置中，我们搁置我们关于事物的预判、偏见和成见。我们使所有与以前的知识和经验相关的信念"无效""被抑制"和"失效"（Schmitt, 1968, p.59）。当被加括号时，世界是失效的。然而，括号中的世界摆脱了平常思维，在我们面前呈现为一个被注视的现象，通过一种"纯粹"的意识，这一现象以一种质朴的和崭新的方式被认识。

胡塞尔（Husserl, 1931, p.110）对比了现象学的普遍悬置与笛卡尔式的怀疑。现象学的悬置并没有消除一切事物，并没有否认一切事物的实在性，并没有怀疑一切事物——所怀疑的仅仅是作为真理和实在基础的自然态度、日常认识的偏见。被怀疑的是科学的"事实"，即预先从外部基础而不是内在反思和意义去认识事物。胡塞尔断言：

> 与自然世界相关的所有科学……尽管它们使我充满了惊奇和赞叹……我与它们完全断绝关系，我绝不使用它们的标准，也不挪用它们体系中任何一个命题，即使它们作为证据的价值是完美的。（Husserl，1931，p.111）

当我反思悬置的本质和意义时，我不仅将其视为获取新知识的一种准备，而且也视为一种体验本身，一种搁置偏好、偏见、预设，并让事物、事件和人重新进入意识，如同第一次一样再次观察它们的过程。这不仅对于科学测定而且对于生活本身都是非常关键的——这个机会提供了一个崭新的开始、一个新的起点，不再受到告诉我们事物存在方式的过去意见的束缚，或指导我们思维的现在看法的妨碍。悬置是一种看和存在的方式、一种不受约束的立场。以一种开放的态度去接近我们意识中所显现的任何事物或任何人，看看究竟有何物存在，并允许它继续存留。这是一项艰难的任务，需要我们允许一个现象或者体验仅是其所是，并在其显现自身时认识它。一个人的思维、评价和体验的全部生活在流动着，但在任何时候吸引我们并对我们有效的，只不过是以一种全新的方式来看待的摆在我们面前的一个引人注目的事物。因此，悬置给予我们一种原初的观点、一种心灵、空间及时间的澄清，中止任何歪曲体验或引导我们的事物，中止任何通过科学或社会、或政府、其他人——尤其是一个人的父母、老师和权威，也包括一个人的朋友和敌人——灌输到我们心灵中的东西。悬置包括进入一种纯粹的内在空间，作为一个开放的自我，准备拥抱生活真正给予我们的东西。在悬置中，我们面临着创造新观念、新感受、新认识和新理解的挑战。我们面临的挑战是以一种接纳和存在的方式来认识事物，让我们存在以及让情境和事物存在，以便我们能够像事物向我们所显现的那样去认识它们。

　　悬置的挑战对我们而言是显而易见的，它允许我们眼前的任何事物在意识中显露自身，以便我们可以用新的眼光以一种本真的和完全开放的态度看待它们。因此，在看待事物成为透明的过程中，我们对自身也变得透明。尽管这个专注的自我实施悬置，所意谓的一切"只是作为纯粹的现象"被保留下来，所有的前见被搁置起来（Husserl, 1977, p.20）。胡塞尔说：

　　　　我由此所获得的是我的纯粹生活，所有纯粹的主观过程构成了我的生活，一切在其中都是有意义的，纯粹作为意义存在其中……悬置也可以说是激进和普遍的方法，借此我可以纯粹地理解我自己：作为我自己纯粹意识生活的自我，在意识生活中并通过意识生活，整个客观世界为我而存在，并且事实上恰恰为我而存在。（pp.20-21）

这种感知生活的方式需要我们去观察、去注意、去察觉到，而不是把我们的预先判断强加于我们所看到的、想到的、想象的或者感觉到的事物身上。这是一种真正的看的方式，这种看先于反思、做出判断或得出结论。我们悬置干扰我们全新视角的一切。我们仅仅让存在的事物从许多角度、视角和符号中显现出来。萨利斯（Sallis, 1982）评论说，回到开端使现象学家成为一个永远的初学者。他引用胡塞尔的话补充说，我们"力图在一种自由地献身于问题本身以及源自问题的要求当中达到这一开端"（p.115）。

在悬置中，没有任何立场；每一特性都具有同等的价值。只有崭新地进入意识的东西，只有作为显象显现的东西，在联系真理和实在方面才具有完全的有效性。没有东西可以预先确定。任何显现的事物都以其本质和意义被看见和认识的可能性，被标记为"一个尚未确定的可确定的视域"（Husserl, 1977, p.30）。

尽管悬置的过程需要日常当中的一切、常识被搁置起来，不再发挥作用，但是我，这个正在体验的人，仍然存在。我作为一个有意识的人不能被悬置。相反，我以一种开放的、先验的意识实行悬置；"我……作为一切事物的怀疑者和否认者仍然存在"（Husserl, 1970a, p.77）。我能够认识的自明性在悬置中对我唾手可得。我认识到，我看到了我所看到的，感受到了我所感受到的，思考了我所思考的。在我面前和我意识里的显现之物是我所知道的存在的事物，不管还有多少人对那个现象有不同的看法。我的意识并不植根于他们。悬置使我摆脱了人们和事物的束缚。在纯粹自我状态中，

　　我就是那个实施悬置的人，即使还有其他人，即使他们在与我直接的交往中实行悬置，（他们和）所有其他的人，

连带他们全部的行为—生活都包含在我的悬置中，包含在世界现象中，这些现象在我的悬置中专属于我。悬置造成了一种独特的哲学上的孤独，这对于真正激进的哲学而言是一种基本的方法论的要求……是我在实施悬置，是我在审问作为现象的世界，这个世界，根据它的存在和如此存在，现在对我是有效的。（Husserl，1970a，p.184）

这段话暗示了实现悬置的困难，纯粹的状态对于崭新的知觉和体验而言是必需的。我必须单独实施悬置，它的本质和强度需要我存在于绝对的孤独中。我以一种持久的方式充分地专注于我眼前的以及我意识中的显现之物。我返回到我的意识体验的原初本质。我返回到知觉、记忆、判断和感受中的任何东西，返回到实际存在的任何东西。在我的意识中显现的一切对自我指涉（self-referral）和自我表露（self-revelation）而言变得可用。这种存在的孤独、这种意识的孤独使我聚集我的能量，以便我仅仅专注于显现之物而不是别的东西。挑战在于消除引导的声音，无论内在的还是外在的，消除我自己的操控或预设的影响，完全与显现的事物相协调，以一种纯粹的心态去面对这一现象。首先必须有个体意识，作为知识诉诸的最后法庭。法伯（Farber, 1943）指出，"如果我作为一个个体自我'消除'了其他人，我也必须中止基于他们或者涉及他们的所有判断……以这种自然态度，我发觉自己和其他人一起处于这个世界中。如果我从他人那里抽身出来，我只不过是孤身一人"（p.530）。

凡涉及他人，他们的知觉、偏好、判断、感受的一切都必须搁置起来以实现悬置。只有作为知识、意义和真理指示器的我自己的知觉、我自己的意识行为必须保留着。施密特（Schmitt, 1968）对此进行了强调："正是我必须决定，尤其是对体验对象实在性的宣称以及一般而言对世界的宣称是否是有效的宣称。我发现任何具有意义和有效性的东西对我而言都是具有意义和有效性的"（p.60）。施密特补充说，悬置之前的世界和悬置之后的世界在内容上并没有什么不同，仅仅是我与它们建立联系的方式不同（p.61）。萨特（Sartre, 1965）在下面表达了这种感觉："一种存在者的存在恰恰是其所显现的……是其所是的，它是绝对的，因为它揭示了它本身。现象就其本身而言可以被研究和描述，因为它完全表明了它本身"（p.xlvi）。

当然，悬置过程需要不同寻常的、持续的关注、专注和在场。不管我们如何有效地实现了观点的彻底改变，我们所看到的都要求它真的存在。我们眼前的事物必须被界定以便与其他的事物相区别（Sallis, 1982, p.117）。它肯定有一个确定的同一性，一个把它标记为实体的存在。

当我与眼前的事物同在，当我在它的存在中徘徊，当我向它敞开自己，当我关注它多样的显象、它不同的维度，并将其作为一个整体时，我眼前的事物逐渐获得了它的意义。施莱德（Schleidt, 1982）抓住了这种存在、参与和投入的挑战，而这正是悬置过程的核心："为了能够……从它的背景中提取格式塔……花大量的时间在无预设的观察上是必要的，这种持续的努力只有那些通过完全非理性的对对象之美的欣赏来凝视它的人才能完成"（p.678）。

这种专注而坚定的凝视能力，无论是内在的还是外在的，确实需要耐心，一种进入并停留在任何干扰上的意志，直到它被移除，才能实现一种内在的澄明，即一种开放性，一种指向明晰而有意义的事物的意向。每当一种扭曲的思想或者感受出现，必须再次实施悬置直到拥有一种开放的意识。我设想了一种接受的节奏，我被眼前的和内心的事物的新奇和惊奇所震撼，同时也会受到习惯、常规、期望，以及以某种方式看待事物的压力的影响，直到最后通过努力、意志和专注，我能够以一种开放的姿态知觉事物。

在实行悬置时，我必须专注于一些具体的情境、人或问题，找到一个安静的地方，在那儿我能够回顾我现在对这个人、情境或问题的想法和感受。在每次的回顾中，我搁置偏见和预判，随时准备重新审视我的生活，怀着希望和意向，以一种新的和悦纳的眼光看待这个人、这个情境或问题。这可能需要花费若干时间来澄清我的思想，直到我为一次真正的相遇做好准备。

鼓励开放性知觉的悬置过程的另一个维度是沉思—冥想（reflective-meditation），让偏见和预判自由地进入意识并自由地离开，正如我毫无偏见地注视和观察一样去悦纳它们。这样的冥想过程不断重复，直至我体验到一种内心封闭的感觉。正如我所做的，我贴上预判的标签并将它们写出来。我回顾这个清单，直到它对我意识的把控得到解除，直到我内心觉得做好了全新开始的准备，直接面对这一情境、问题或人，接受所提供的任何东西，并开始真正的认识它。

悬置过程使我倾向于悦纳。我能够更轻易地遇见某物或某人，倾听并听到所呈现的一切，不要用我自己的思维习惯、感受习惯和观察习惯歪曲对方的交流，消除通常贴标签、判断或比较的方式。我已经准备好从一个现象的显象和在场中去知觉和认识它。

尽管悬置的完全实现几乎是不可能的，但是反思和自我对话所需要的精力、注意力和工作，构成这一过程基础的意向，以及态度和参照框架，都明显减少了先入为主的想法、判断和偏见的影响。而且，悬置过程的定期实践增强了一个人实现无预设状态，并开放地接受意识中显现的任何事物的能力。

尽管要实行悬置，但有一些实体根本不是"能括起来的（bracketable）"。有些生活体验是那么严峻、强烈和生动，有些事情是那么根深蒂固，有些人是那么依恋或者对立，以至于澄明的开放性或纯粹的意识几乎是不可能的。另外，我认为，随着工作的不断深入，那些造成关于真理和实在的错误观念的偏见和不健康的依恋可以被括起来，使其失效。悬置提供了潜能更新的一种资源、一种过程。带着执着与决心去接近，这一过程能够造成我们所看到、所听到和（或）所看待的事物与我们如何去看、去听和（或）看待事物之间的不同。明智的切合实际的实践以及抛弃我们偏见的决心让我相信，事情的真实本性和本质将会得到更全面地揭示，将会向我们展现它们自身，并使我们能够找到一条通向知识和真理的光明大道。

现象学还原

悬置是开始认识事物的第一步，它倾向于如其显现的那样看待事物，返回到事物本身，摆脱预判和先入之见。现象学还原的任务是，用一种纹理的（textural）语言描述人们所看到的东西，不仅是外在的对象而且还有内在的意识行为、体验本身、现象和自我之间的节奏和关系。体验的特质成为关注的焦点，体验的本质及意义的充实或实现成为我们面临的挑战。这一任务要求我观察和描述；再次观察和描述；反复地观察和描述；总是涉及纹理特征——粗糙与光滑、小和大、安静与吵闹、丰富多彩和枯燥乏味、热和冷、静止和运动、高和矮、收缩和膨胀、懦弱与勇敢、愤怒与平静——这些描述展现了变化的强度、形状的范围、尺寸的大小，以及空间的特性、时间的参照，以及一种体验背景中的所有色彩。所以，"回到事情本身"，一个开放的领域，那里的一切作为体验的被给予者都是可获得的。知觉的每一个角度都在人们对一种现象视域的认识中增加了一些东西。这一过程需要对如其所显现的事物进行一种前反思的描述，需要还原到视域和主题。这样一种阐明某人认识的方法就是所谓的"先验现象学还原"。 如前所述，它之所以被称为"先验的"，是因为它揭示了一切都因其而有意义的自我；它之所以被称为"现象学的"，是因为世界被转换成纯粹的现象；它之所以被称为"还原"，在于它引导我们回到我们自己对事物存在方式的体验中（Schmitt, 1968, p.30）。施密特补充说：

> 当我试图把体验中那些真正明见的方面与我仅仅假定或假设如此的那些方面区分开时，世界便在与我的关联中得到审视。当我探究塑造体验的信念、感受和欲望时，主体便在与世界的关联中得到审视。（p.67）

当我们直接进行知觉时，我们聚焦于对象本身而并非知觉体验（Miller, 1984, p.177）。我们并非全神贯注于意识体验，以至于失去了与我们眼前真实之物——事物本身——的联系。它涉及注意力和关注焦点的转移问题，但有一件事情是确定的：我们的意识使我们有意义地朝向一些事物，这些事物将持续地保持在场，无论我们如何转向我们的内在体验。我们注视的目光显然落在事物本身，它的在场和阐明上。对此，舒茨（Schutz, 1967）说："通过专注和理解的目光，生活体验获得了一种存在的方式。它涉及'区分''使突出'，这种区分行为无非是被理解，成为被注视的对象"（p.50）。

现象学还原的方法具有分级的特征，即前反思、反思和还原，其中心任务在于阐明现象的本质特征（Husserl, 1931, p.114）。这种阐明可以包括知觉、思考、记忆、想象、判断，它们中的每一种都包含一种确定的内容。胡塞尔（Husserl, 1931）评论说："我们的反思所能把握的意识流中的每一种体验都有它自身向直观敞开的本质，都有它在其自身奇异性中被考虑的'内容'"（p.116）。我们的任务就是描述它的一般特征，排除所有不直接在我们意识体验之中的东西。

现象学还原不仅是一种观察的方式，而且是一种倾听的方式，它以一种有意识的和刻意的目的将我们自己作为现象，以其自身的方式，以其自身的结构和意义，向现象敞开。

布兰德（Brand, 1967）援引胡塞尔的话，进一步阐明了现象学还原的过程：

> 因此，在"世界"这一标题之下，我首先要质问的是，我所意识的，所体验的，所意指的以及被我接受为存在的东西的特征；我询问我是如何意识到它的，我可以怎样描述它，我怎样才能使用对每一场合都有效的术语命名它；以这种方式所是的主观之物如何以不同的方式显现自身，它本身看起来是什么样子，被体验或被意向为这个或那个事物，或者作为世俗经验的体验本身是什么样子，它怎样被描述……这是还原所揭示的一般主题。（p.209）

体验者在反思中转向内部，遵循着"从我本身获得的最原初的信息，因为，在这里只有知觉才是媒介"（Husserl, 1931, p.14）。当我知觉、反思、想象，专注于某物时，在意识中闪现的任何东西都是我所关注的——这就是对我而言富有意义的显现之物。每一次的观察都打开了彼此联系的新意识、相互关联的新视角、多重特征的新交叠，它们存在于每一种现象当中，当我们不厌其烦地观察时阐明它们。它们使我们的目光转向体验的中心，研究我们眼前的事物，就像它所显现的那样。

胡塞尔（Husserl, 1931）说："我们意识到某物，不仅仅是在知觉中，而且也在有意识的回忆中，在类似于回忆的再现中，也在想象的自由发挥中……它们以真实的、可能的和想象的不同'特征'与我们擦身而过"（p.117-118）。与现象在一起，让其顺其自然地显现，从不同的角度审视它，坚持穷尽特定时间和地点中的知觉和体验所给予的东西。或者如胡塞尔所建议的："让我们还原直至达到了纯粹意识流"（1931, p.172）。我们永远不会完全穷尽我们体验的知觉上的可能性。当体验者满足于"完全的"明见性时，就说对象被充分地给予了我们；我们拥有关于其存在的充分明见性（Miller, 1984, p.184）。

尽管从一个视角看待事物和将事物视为一个整体之间总是有部分的重叠，但仍然有可能将作为关注焦点的对象与我对事物整体的体验相分离，从一个角度重新观察它，然后换另一个角度观察，把每一次的观察与我的意识体验关联起来。我持续这一过程，直到把各个部分统一为一个整体。这一过程本身就像一束视觉光线，随着每一次知觉或思考的体验而变化，随着每一次看见的新时刻的显现和消失，而产生新的知觉（Husserl, 1931, p.172）。在《逻辑研究》中，胡塞尔指出："我们实施'反思'，也就是说，使这些行为本身及其内在的意义内容成为我们的对象……我们必须在新的直观和思考行为当中处理它们"（1970b, p.255）。它们的内容可以被思考和解释。研究参与者的唯一目标就是以这样或那样的方式去看，去充分地描述所见之物，正如其本身一样（Husserl, 1970a, p.35）。

当观察、注意和再观察完成后，一个更为准确的反思过程就会发生，它旨在抓住一个现象的全部本质。从某种程度上讲，每一次反思都修正了意识体验，并提供了关于对象的一种不同的视角。胡塞尔（Husserl, 1931）强调说："只有通过反思的体验行为，我们才能对体验流及其与纯粹自我的必然联系有所认识"（p.222）。在其现象的和体验的成分中，向具有纹理意义和本质的东西还原的整个过程，取决于有能力的和清晰的反思，取决于一种专注、识别以及清晰描述的能力。反思随着持续的注意和知觉，随着持续的观察，随着新的视角的增加而变得更精确和更充分。通过修正，反思变得更加准确，更完整和更准确地呈现向我们显现的东西。经过反复的思考，事物变得更加清楚。通过修正，通过从一种不同的角度，或者以一种不同的感觉或意义来接近事物，错觉得以消除。一些新的维度变成主题，从而改变了对先前显现之物的知觉。胡塞尔将此与预期视域的转变相关联（1970a，p.162）。现象中的其他东西变成视域的（horizonal）；一种不同的预期；没有看到的事物现在得到确认；对它的预期使其更有可能显现。此外，当远处的事物靠近时，它们看起来是不同的；当事物变得更加清晰时，我们不可避免地会做出修正。

胡塞尔（Husserl, 1970a）在评论时说道：

> 显而易见，统觉的改变是通过被预期为正常的（如和谐的运行）多重预期视域的改变而发生的。例如，你看到一个人，但后来通过触摸它，不得不将其重新解释为一个人体模型（在外表上表现为一个人）。（p.162）

我们当中很多人都有被一束花的外表吸引的体验，被它们绚丽的生命色彩，它们柔软的花瓣、浓郁的芳香，甚至它们泥土般的芬芳所感动，走近一看和一摸，结果却发现它们是由丝质材料制成的。此刻，我们的体验发生了根本的变化。曾经有那么几次，我闻了闻，摸了摸这些花，之后才确信它们是人造花。因此，有必要修正我的知觉和判断，最终达到一种完全不同的体验。

　　在修正我们对事物的意识体验的过程中，我们常常受到他人所言和所看的影响，我们被鼓励从另一个自我的角度再观察一次。最终，我们可能寻求一种对现象的主体间性的描述。我们以相同的知觉意向把握他人的体验，就像我们把握向我们呈现的事物或事件一样（Schutz，1967，p.106）。这种自我指涉、返回自我是一项基本要求。我们从我们对事物存在方式的知觉开始；我们首先用我们的眼睛看见我们眼前的事物，并通过我们对事物的体验以及它在我们意识中生成的意义来描述我们所看到的东西。个人的知觉、记忆、判断、反思在我们形成对事物和人的理解中是核心的和具象的。胡塞尔（Husserl，1970a）评论说，我们自然而然地从我们自身的角度，为了我们自身，从我们自身原初的自明性和对生活世界的意识来实施悬置和还原（p.253）。根据我们自己对所见之物的自明性，我们和他人一起检查他们所知觉、所感受和所想象之物。在这种仔细检查的过程中，我们可以重新审视这一现象，发现一些能够改变我们对事物认识的新东西。胡塞尔把这种与他人互动的过程，以及知觉和意识体验中的转变称为一种交流的形式。他说："在彼此的生活当中，每一个人都能参与他人的生活……在这种交流中，通过相互的修正，不断地发生着有效性的改变"（1970a，p.163）。我的修正使我迈向更精确更完整的意义层次。科克尔曼斯（Kockelmans，1967）说："我们更深入地洞察事物，去认识我们最初以为看到的事物背后更深刻的'层面'"（p.30）。

　　现象学还原的另一维度是视域化的过程。视域是无限的。我们永远不能完全穷尽我们对事物的体验，不管我们重新考虑或观察它们多少次。每当一个视域退去时，一个新的视域随后就会产生。这是一个永无止境的过程，虽然我们可以达到一个中止点，中断我们对事物的知觉，但发现的可能性是无限的。视域使得意识体验成为一个持续的谜，当这些视域进入我们的意识生活时，它打开了欢笑与希望或者痛苦与烦恼的领域。我们可能认为某些经验的知觉将永远存在，但意识生活的内容却会显现和消失。不管是期望、希望还是恐惧，没有哪个视域会无限期地持续下去。

在现象学还原中，我们回到自我；我们从自我意识、自我反思和自我认识的角度去体验存在于世界中的事物。事物进入意识中，离去只是为了再次返回。一些本质的东西被重新获得，"现象学还原使心灵有可能发现它自己的本性，最初迷失于世界之中的心灵通过这些还原可以重新找到自己"（Kockelmans, 1967, p.222）。

进入我们意识体验的每一个视域都是现象的基础或条件，这个现象赋予了它一种独特的特征。我们考虑每一个使我们对一种体验的理解成为可能的视域和纹理特质。当我们视域化时，每一个现象在我们寻求揭露其性质和本质时都具有同等的价值。比如，基恩（Keen, 1975）在探究一个学生问题的视域时感到不舒服，"因为我模糊地感觉到他在乞求某种东西"（p.28）。这种"乞求"的感觉是基恩对他的学生直接的、前反思的体验。当他反思这种乞求现象时，他决定避开这个学生，就像他避开"街上的乞丐"一样（1975, p.29）。基恩惊叹道：

> 我对他的问题（他是否应该成为一个心理学家）感到很不舒服，因为我模糊地感觉到他在向我乞求某种东西。那是他当时的一种直接的和前反思的体验，重要的是让那一体验成为其所是，回忆它并且清楚地表述它的内容。在这样做之后，我们现在需要对那一体验进行反思。（1975, p.28）

基恩继续说道:"是视域使我将其体验为向我乞求某种东西。只有通过对我的体验的仔细审视,这些视域才变得明显"(1975,p.29)。在进一步的反思中,基恩发现,这个学生使他想起他的病人,还有年轻人对年长者的矛盾心理,这个学生与其父亲的关系,以及一个无产阶级的成员对特权阶级的应对,最后,也许他的学生在寻求某种他从来没有从他的父亲那里获得的东西——认可和尊重(p.31)。这些视域构成了人际关系中"乞求"现象的要素,并提供了一种方法来描述被括起来的(bracketed)现象:"乞求"。

现象学还原的最终挑战是构建一份关于体验的完整的纹理(textural)描述。这样一种描述始于悬置,在一种开放和自由的状态中,经过一个回到事情本身的过程,促进了更清晰地观看,使同一性成为可能,并鼓励反复地观察,从而导向更深层的意义。自始至终,人、意识体验和现象交织在一起。在阐明现象的过程中,特性得到识别和描述,每一种知觉都被赋予同等的价值,体验的非重复要素根据主题联系起来,从而获得一种充分的描述。现象学还原中的前反思和反思的要素能够揭示体验的本质和意义,把体验者带向自我认识以及对现象的认识。换句话说:

> 每一种体验都是在其奇异性中并为其本身而得到考虑的。在括号中,现象以一种全新的和开放的方式被知觉和描述为整体,分级的一系列还原来自一种先验的状态,一种对现象最基本要素完全差异化的描述。(Moustakas,1986,p.16)

简而言之,现象学还原的步骤包括:加括号,研究的焦点被置于括号内,其他的一切都被搁置起来,从而使整个研究过程仅仅植根于这个主题和问题;视域化,每一种陈述起初都被视为具有同等的价值。随后，与主题和问题无关的陈述以及那些重复或者重叠的陈述被删除，仅留下视域（现象的纹理意义和不变要素）；将视域聚类成主题；将视域和主题组织成一份关于该现象的连贯的纹理描述。

下面对纯粹抑郁的本质要素的描述摘自基恩（Keen，1984）的研究："摆脱抑郁"。

> 抑郁被体验为时间的停止，空间的空虚和他人的物化。时间停止，自我、情境和关系的发展都停滞不前。一切看起来都是停滞的，没有生气，没有变化，除了像生锈或者腐烂一样逐步恶化。最重要的是，将来不再是真正的将来，不再是真正新的、未知的、卓有成效的将来。更确切地说，将来似乎仅仅承诺了一种对过去沉闷的重复。空间是空虚的。虽然有一些事情，但它们都已经失去了重要性。我的房子，一个曾经的避风港和家，现在仅仅是一个建筑，失去了它的活力和爱的回响。我的衣服，曾经于我趣味盎然，现在敞着口，傻傻地挂在我的衣柜里。我的书毫无生气，我的网球拍只不过是一件东西。至于其他的人——他们在时间上的发展，跟我一样，赋予将来希望，将意义投向空间和场所——现在只不过是事物，像人体模型一样走路和说话，机械地重复着很久以前写好的脚本。（p.804）

想象变更

在现象学还原之后，研究过程的下一步是想象变更。想象变更的任务是通过运用想象、改变参照框架、使用极性（polarity）和反转，以及从不同的视角、不同的立场、角色或功能接近现象来寻求可能的意义。其目的在于获得体验的结构性描述，即用于说明所体验之物的潜在的和诱发的因素。换言之，与条件对话的"方式"阐明了体验的"内容"。对现象的这种体验是如何形成的呢？

描述现象的本质结构是想象变更的主要任务。这里有一种想象的自由发挥，任何视角都是一种可能性，都被允许进入意识。胡塞尔（Husserl, 1931）指出了这一过程是如何开展的：

> 艾多斯（Eidos），即纯粹本质，可以在经验所与物中，在知觉、记忆等的所与物中被直观地例示，但同样容易……在想象的游戏中，我们创造出这样或那样的空间形状、旋律、社会事件等等，或者通过日常生活中虚构的行为来生活。（p.57）

变更以意义为目标，依靠直观作为将结构整合成本质的一种方式。在《笛卡尔式的沉思》（1977）中，胡塞尔说："每一种可想象的感觉，每一种可想象的存在，无论后者被称为内在的还是超越的，都属于先验主体性的范畴，即作为构成感觉和存在的主体性"（p.84）。我们在想象中发现了事物潜在的意义，从而使不可见的变成可见的（1931，p.40）。本质的揭示、纯粹可能性的关注在想象变更过程中处于核心地位。在变更过程中的这一阶段，体验的结构被揭示，这些都是事物显现的必备条件。科克尔曼斯（Kockelmans, 1967）评论说："还原引导我们从事实的王国进入一般本质的领域……正是通过这一系统的步骤，我们将我们的认识从事实的水平提升到'观念'的领域"（p.30）。比如，在考虑个别对象的红色时，我们知道有一个一般的红色本身。不管我们在红色中感知到多少变化，它们都有红色的红性（redness）贯穿其中。我们只有通过对所有逐渐变化的红色中的共同东西进行想象综合，才能达到这种直观。

现象学研究方法：原理、步骤和范例

在想象变更时，世界消失了，存在不再是中心，一切皆有可能。想象变更的主旨在于远离事实和可测量的实体，从而转向意义和本质。在这一瞬间，直观在性质上不是经验的，而是纯粹想象的。胡塞尔（Husserl, 1931）强调说："纯粹本质的真理并不做出关于事实的丝毫断言，因此单单从它们当中，我们并不能推出关于事实世界的即便是无足轻重的真理"（p.57）。想象变更过程包含了一个反思的阶段，在该阶段，很多可能性得到反思性审视和说明。自由想象的想象力与反思性的说明相结合，给予身体、细节和描述的充实以寻求本质。凯西（Casey, 1977）曾经说过，在想象变更中，我们思考尽可能多的想象的对象或事件——存在的或不存在的，比如一只想象的独角兽是一个纯粹可能存在的实体（p.75）。

想象变更使得研究者能够从现象学还原得到的纹理描述中获得结构化的主题。我们想象时间、空间、物质性和因果性，以及与自我和他者关系的可能结构。这些是与纹理资料相关的普遍结构的基础。通过想象变更，研究者明白了通向真理的道路并非只有一条。但是，涌现的无数可能性都与体验的本质和意义紧密地联系在一起。

想象变更的步骤包括：

1.系统地变更构成纹理意义基础的可能的结构意义。

2.识别用以解释这一现象产生的潜在主题或背景。

3.考虑与这一现象相关的感受和想法的普遍结构，比如，时间、空间、身体关注、物质性、因果性，与自己或他人关系的结构。

4.寻找能生动地阐明不变的结构化主题的范例和有助于形成现象结构化描述的范例。

再次借用基恩的研究（Keen，1984），下面的摘录包括了结构的要点：

　　摆脱抑郁所涉及的并不是一个症状的消失，而是对过去和将来的自我的再现、重塑或者重新发现。我现在的生活由过去引向将来，当它成为历史演变的一部分，而我能够将自身置于其中不可分割的一部分时，它就至关重要。比如，拥有一份工作，为人父母，从事手工艺，都可以提供这样一个故事。在抑郁中，这些生活中的普通方面已经被抑郁的死亡主题——时间的停滞、空间的空虚、人的物化——中和，变得毫无意义。将来的重建、有意义、有活力的空间的再造，以及对他人的再人格化都牵涉到重塑自我和摆脱抑郁。（p.808）

意义和本质的综合

现象学研究过程当中的最后一个步骤，是将基本的纹理描述和结构描述直观地整合成一个关于现象整体的体验本质的统一陈述。这就是本质科学的导向，即对本质认识的确立（Husserl，1931，p.44）。

本质，当胡塞尔使用这个概念时，意指一般的或普遍的东西，缺少该条件或特性，事物就不能成为其所是（Husserl，1931，p.43）。萨特将本质作为系列的原则，"诸显象的联系"（Sartre，1965，p.xlvi）。他说："本质最终会从根本上与表现它的个别显象相分离，因为从原则上说，本质必须能够通过无限系列的个别显象得到表现"（p.xlviii）。

任何体验的本质永远不会被完全穷尽。最基本的纹理—结构综合再现（represents）了一个特定的时间和地点的本质，从一个个别的研究者的立场，对这一现象进行的详尽、富有想象力和反思的研究。胡塞尔得出结论说："每一种吸引我们进入体验无限性中的物理属性，每一种体验的多样性，无论多么冗长乏味，仍然为切近的和新奇的事物的确定留有余地；诸如此类，永无止境"（Husserl, 1931, pp.54-55）。

基恩（Keen, 1984）在下面呈现了摆脱抑郁的体验的意义和本质的综合：

> 最终的真相似乎是，摆脱抑郁永远不会真正地完成。回忆以及感受悲伤的工作，每天都必须更新一点。与分神做斗争或许避免了悲伤并使我们更加快乐。但这只不过是游戏节目主持人表面上的高兴，或者是敬业的专业成功者空洞的骄傲。对快乐的成瘾并不亚于最卑劣的麻醉剂。回避会引起恐慌。灵活性消失了；依赖性形成了。

> 回忆的悲伤远胜于亚临床抑郁的快乐，因为它突显了生命中真正美好的东西，并使它们熠熠生辉。于是，狂喜和悲剧成了同一枚硬币的两面。抑郁可能是毁灭性的，但当它出现后，我发现当我生活在重生的自我中，在涌现的挣扎中诞生时，抑郁会丰富和活跃我的生活。（p.810）

结　论

为了进行现象学研究，理解悬置的性质、意义和本质，理解现象

学还原、想象变更和综合是必不可少的。通过现象学，一个重要的用
于研究人类体验和从纯粹意识状态中获取知识的方法论得以形成。
一个人要学会重新本真而新鲜地去看，重视意识体验，尊重一个人的
感官证据，并迈向对事物、人以及日常体验的一种主体间性的认识。

参考文献

Brand, G. (1967). Intentionality, reduction and intentional analysis in Husserl's
later manuscripts. In J. J. Kockelmans (Ed.), *Phenomenology* (pp.197-217).
Garden City, NY: Doubleday.

Casey, E. S. (1977). Imagination and phenomenological method. In F. Elliston &
P. McCormick (Eds.), *Husserl: Expositions and appraisals* (pp.70-82). Notre
Dame, IN: University of Notre Dame.

Farber, M. (1943). *The foundation of phenomenology*. Albany: SUNY Press.

Husserl, E. (1931). *Ideas* (W. R. Boyce Gibson, Trans.). London: George Allen &
Unwin.

Husserl, E. (1970a). *The crisis of European sciences and transcendental
phenomenology: An introduction to phenomenological philosophy* (D. Carr,
Trans.). Evanston, IL: Northwestern University Press.

Husserl, E. (1970b). *Logical investigations* (J. N. Findlay, Trans.). New York:
Humanities Press.

Husserl, E. (1977). *Cartesian meditations: An introduction to metaphysics* (D.
Cairns, Trans.). The Hague: Martinus Nijhoff.

Keen, E. (1975). *Doing research phenomenologically*. Unpublished manuscript,
Bucknell University, Lewisburg, PA.

Keen, E. (1984). Emerging from depression. *American Behavioral Scientist*, 27(6),
801-812.

Kockelmans, J. J. (Ed.). (1967). What is phenomenology? In *Phenomenology* (pp.24-
36).Garden City, NY: Doubleday.

Miller, I. (1984). The phenomenological reduction. In *Perception and temporal
awareness* (pp. 175-198). Cambridge: MIT Press.

Moustakas, C. (1986). *Transcendental phenomenology. Unpublished manuscript*, Center for Humanistic Studies, Detroit, MI.

Sallis, J. (1982). The identities. of the things themselves. *Research in Phenomenology*, xii,113-126.

Sartre, J. P. (1965). Introduction : The pursuit of being. In *Being and nothingness* (pp. xlv-lxvii) (H. E. Barnes, Trans.). New York: Citadel Press.

Schleidt, W. M. (1982). Review of Lorenz' The foundation of ethology. *Contemporary Psychology*, 27 (9), 677-678.

Schmitt, R. (1968). Husserl's transcendental-phenomenological reduction. In J. J. Kockelmans (Ed.), *Phenomenology* (pp. 58-68). Garden City, NY: Doubleday.

Schutz, A. (1967). *The phenomenology of social world* (G. Walsh & F. Lehnert, Trans.). Evanston, IL: Northwestern University press.

6.

人文科学研究的方法和程序

在现象学研究获得科学证据的过程中,研究者建立和实施了一系列方法和程序,以满足一种有组织的、严格的和系统的研究要求。包括以下几方面:

1.找到一个扎根于自传意义和价值,同时涉及社会意义和重要性的主题和问题;

2.对专业研究文献进行全面综述;

3.构建一套用于确定合适的合作研究者的标准;

4.为合作研究者提供关于研究性质和目的的说明,并制定一份协议——其中包括获得知情同意、确保保密、划定主要研究者和研究参与者的责任,并与研究的伦理原则保持一致;

5.形成一系列引导访谈过程的问题或话题;

6.进行并记录一次长时间的聚焦于一个加括号的主题和问题的面对面的访谈,可能还需要一次后续的访谈;

7.整理和分析资料以形成个体纹理描述和个体结构描述、综合纹理描述、综合结构描述,以及纹理和结构的意义和本质的综合。

上述的方法论要求也可以按照研究准备的方法、资料收集的方法、资料整理和分析的方法来组织。

方法提供了一种可以有条不紊地完成某事的系统做法，谨慎而严格。程序和技术构成了方法，提供了一个遵循的方向和步骤，使一项研究付诸行动。人文科学研究中的每一种方法都是开放性的，并没有确定的和专门的要求。每一个研究项目都拥有自身的完整性，并建立了它自己的方法和程序，以促进研究的进行和资料的收集。

接下来的部分将讨论和阐明进行人文科学研究的方法和程序。

研究准备的方法

阐述研究问题

在准备进行一项现象学研究时，研究者面临的首要挑战是获得一个既具有社会意义又具有个人意义的主题和问题。问题必须用明确的和具体的术语来陈述。问题的关键词应该得到界定、讨论和澄清，以明确研究的意图和目的。问题的每个关键词或者焦点的位置决定了什么在主题寻求当中是首要的，以及什么样的资料将被收集。

在现象学研究中，问题产生于对某个特定问题和主题的强烈兴趣。研究者的兴奋和好奇推动着研究。个人的历史将问题的核心带入关注的焦点。随着主题的充分显露，其中的线索和离题可能使易于解决的和特定的问题的表达复杂化。但是，这一允许主题的各方面进入意识的过程对核心问题的形成是必要的，这个核心问题在整个研究过程中都将保持着活力。一个人文科学研究问题具有确定的特征：

1.它追求更充分地揭示人类体验的本质和意义；

2.它力图揭示行为和体验中质化的而非量化的因素；

3.它吸引着研究参与者的整个自我，并使其保持着亲身的和热情的参与；

4.它并不试图预测或确定因果关系；

5.它是通过仔细、全面的描述，生动准确的体验描写而被阐明的，而不是测量、指标和得分。

主题和问题的例证

在本章所介绍的现象学研究的应用中，我选取的案例来自已经出版的文献，以及我被主要研究者推荐担任研究设计和方法论的指导者或评审者的研究。

拉科斯（LaCourse）对时间的研究：个人的和社会的意义

为了说明这一主题和问题的个人及社会的根据，我挑选了一个我认为对于时间体验研究而言非常好的研究设计和方法论的实例。

在将时间视为主题时，拉科斯（LaCourse, 1990）首先探究了它的自传意义和社会意义。她描述了她的个人背景及其与这一主题和问题的关系。

> 关于时间的研究吸引着我，我想，这是因为时间问题在我自己的生命当中非常突出。我对时间有着强烈的感受。我热爱生活，因此在很多方面，时间就是生命，我珍爱我的时间。我绞尽脑汁思考着我将怎样使用它，我小心翼翼地防范他人过度侵扰我的时间。我总是将时间视为一种珍贵的商品……然而，我常常感觉到我与时间的冲突。关于时间在我生命中

的意义以及我怎样才能更好地与时间和谐共处，在我内心缺乏一种明晰性。我对时间感到困惑、好奇和沮丧，也受到挑战去了解更多关于时间的东西。正是这一挑战引导我去考虑研究时间。一想到我要阅读关于它的书时，思考它，听他人谈论关于它的体验，并最终达到一种境界：我对时间的理解扩展了，我的视角拓宽了，很可能的是，作为附带的好处，我与它的关系改善了，我就兴奋不已。（p.7）

我想知道这种没有充足时间的感受是如何产生的。是我把我的生活搞得过于复杂，在发展自律和时间管理技巧的过程中失败了吗？可能在某种程度上说的确如此，但是我认为我的时间压力感在很大程度上是由于我感受到时间随着年龄的增长而加速，以及随之而来的对时间流逝的焦虑。（p.8）

我对时间研究着迷的部分原因，是我很难与时间和谐相处。我一直纠结于如何与他人相处，同时又要保证我的隐私和其他的时间需求。为了实现目标而又不变得死板、过度组织或过度扩充，在时间的使用当中找到一种微妙的平衡是必要的。这对我而言是一个巨大的挑战。（p.12）

拉科斯研究课题的社会意义和关联，与社会中试图控制和利用时间以实现经济生产和安全的倾向有关，很可能是为了"健康、幸福和有效的生活"（p.3）。她指出，社会关注的焦点常常是过去的创伤或者未来的事件和机遇，而不是现在。她说："……来自合作研究者视角的……对时间持续性的……一种探究可以提供有价值的信息"来平衡个人和社会的需求（pp.4-5）。与时间相关的另一个社会问题与时间管理问题和个体由于拙劣的时间管理技巧而体验到的压力有关。

拉科斯对时间的研究: 阐述研究问题

拉科斯对其问题的阐述及其关键词的界定, 如下所述:

> 我目前的研究问题是: "人们如何知觉和描述他们的时间体验? "这一问题的主要构成要素是"如何""知觉""描述""体验"以及"时间"……"如何"这个词的使用有助于问题清楚、简练的表达, 意味着我对我与合作研究者访谈过程中出现的关于时间的任何事情都保持开放。"知觉"这个词隐含着关于时间相对性的某些东西……不同的人对时间的知觉不同, 同样的人在不同的情景中对时间的知觉也不相同。像"开心的时候, 时间过得飞快"或者"人的一生只不过是弹指一挥间"这样的陈词滥调说的就是这个道理。而且对于大多数人而言, 当等待或者做一些不愉快的事情时, 时间会过得很慢。"描述"这个词意指, 时间对于合作研究者而言是什么、意味着什么。"体验"这个词是一种指向事实的方式, 即我将从研究参与者那里寻找关于他们在日常生活体验中如何知觉和描述时间的广泛的故事。(pp.2-3)

寻找和选择研究参与者

对于寻找和选择研究参与者, 并没有事先的标准。一般的考虑因素包括: 年龄、种族、宗教信仰、民族和文化因素、性别, 以及政治和经济因素。基本标准包括: 研究参与者体验过这一现象, 对理解它的本质和意义具有强烈的兴趣, 愿意参与较长时间的访谈 (也许还有后续进一步的访谈), 允许研究者对访谈进行录音, 可能的话进行录像, 并在学位论文和其他出版物中公布资料。

寻找和选择研究参与者：弗瑞里希对在场（Presence）的研究

弗瑞里希（Fraelich，1989）研究了心理学家—心理治疗师与客户关系中的"在场"体验。在寻找和招募研究参与者时，弗瑞里希准备了一份说明，描述了这项研究的性质和目的，并试图找到那些将"在场"视为治疗效果必要组成部分的心理学家—心理治疗师。"指导说明"（经过培训主任的允许）被置于在大型社区心理治疗诊所工作的心理学家—心理治疗师的邮箱中。弗瑞里希说"随后我联系了每一个回复的人，并在诊所安排了一次10~20分钟访谈前的会面，时间是我们双方都同意的"（p.66）。从访谈以及对研究性质和目的的讨论中，弗瑞里希确定志愿者对他所提议的研究而言是否是一个合适的合作研究者。这取决于合作研究者是否愿意参与到弗瑞里希对"在场"的开放性研究当中，是否愿意投入必要的时间和工作，是否愿意将访谈录音并将其资料用于博士论文和出版物。

在对合作研究者的初步指导中，弗瑞里希向他们表达了，他将与他们一起分享他所使用的来自他们访谈的特定材料，他将删除所有可识别出身份的资料，包括合作研究者的名字，并且合作研究者可以随时自由地退出研究。当双方达成协议时，就要签署一份"授权书"。双方就长时间访谈的日期和时间达成共识。合作研究者需要使他（她）自己沉浸在心理学家—心理治疗师与客户面谈时的在场体验中突出的事件当中，意识到在描述在场的意义时被唤醒的任何东西。弗瑞里希评论说："我希望通过这样做，每一个参与者都能将一系列丰富的体验带入到访谈中"（p.68）。他补充说，

> 每一个研究参与者不仅被告知研究的真实性质，而且被鼓励成为一个和我地位平等的研究参与者。将参与者视为一

个合作研究者是一种积极的尝试。每一个研究参与者都被鼓励跟我一起，成为一个真正的认识和理解在场现象的寻求者。（p.68）[转载已获得作者同意]

以下是访谈前的会面，

反思我的研究问题，重新设想我想要理解的现象。从这个角度出发，我们准备了一个开场白。在访谈开始前读给参与者听。开场白的目的在于提供一种标准的方法来开始访谈，呈现一种开场白以鼓励参与者开始他或她自己的探究，以及再次表达访谈的总体目的和意图（p.68）。[转载已获得作者同意]

为了阐明选择合作研究者的过程中所使用的程序，我在附录A中放入了来自特朗布尔（Trumbull, 1993）对冠状动脉搭桥手术研究的"致合作研究者的信"和 "参与者授权协议"。它们呈现了协议的必要细节并告知了合作研究者研究的性质和目的。

特朗布尔还提供了一份摘要指南。我呈现了它的一个缩略版本，以说明它作为一个模型有助于指导潜在的合作研究者。

针对潜在合作研究者的研究摘要指南

作为一个临床心理学博士学位的研究项目，我将完成一篇关于"经历冠状动脉搭桥手术的体验如何"这一主题的论文。这一主题是在我的叔叔和父亲经历了这种手术之后才选择的。我将通过文献综述来了解前人已经出版的关于这一主题的著作。由于我对与你的体验相关的描述和意义感兴趣，我将使用质性研究方法来获得你的体验的本质。我将访谈 12 ~ 15

名合作研究者，并遵守人文科学研究的伦理原则。我所寻求
的结构描述和纹理描述将会形成对体验整体的一种综合。

这项研究完成后，特朗布尔向每一个合作研究者寄送了一封信，
感谢他们对于认识冠状动脉塔桥手术的体验的性质、特征、意义及本
质所做出的贡献。附录B呈现了这封信的缩略版本。

特朗布尔还将他对所有资料的完整分析寄给了每一个合作研究
者，并请他们就资料的准确性和任何修改做出回应，以便更清晰或更
充分地呈现遭受冠状动脉搭桥手术的体验。

伦理原则

人文科学研究者对人类参与者的研究受到伦理原则的指导。本
章中提到的研究都坚持了必要的伦理标准，与研究参与者建立明确
的协议，认识到保密和知情同意的必要性，并形成了确保充分揭示研
究项目的性质、目的和要求的程序。所有的研究都是质性的，需要参
与者自愿成为一个合作研究者，强调过程是开放的，方法和程序是可
以改变的，对参与者的观点和建议的回应允许有替代方案，以满足准
确性、安全性和舒适性的需要。合作研究者可以随时自由地退出。在
选择研究参与者之前，研究者还要提供关于研究的性质和目的的详
细信息，以便对合作研究者的问题做出回应。在研究过程中以及后续
的资料分析中也是一样。因为在参与者的健康和福祉方面风险很小，
因此很少出现需要终止访谈，或者立即提供治疗支持，或者转诊接受
心理治疗帮助的情况。在所有的研究中，资料收集的设计和过程都是
可以完全公开讨论的。合作研究者经常提供有效的方法来引导长时
间的访谈。那些研究者认为私密的、可能造成伤害的信息会被删除或

隐藏，以保护研究参与者的身份。研究者需要对所使用的资料保密，除非合作研究者完全知情并且同意使用。

布兰克、贝拉克、罗斯诺、罗瑟拉姆-博鲁斯和斯库勒（1992）所建议的这种报告，旨在消除"参与者对研究的任何误解和焦虑，给他们一种尊严感"（p.961），而这里所报告的质性研究是不需要的。因为访谈是对话式的和开放的，误解发生时会被澄清，开诚布公地被接受并得到支持。自陈报告在资料收集中的重要性得到强调，以便研究参与者感到他或她对该主题的认识和对问题内在意义的阐明所做的贡献受到了重视。研究参与者还可以审查、确证或更改研究资料，以符合她或他对体验的知觉。

资料的有效性

资料有效性的一个很好的例子来源于汉弗莱（Humphrey, 1991）对"寻找生命意义"的研究。

汉弗莱在探讨他的主题和问题时访谈了14名合作研究者。他给他们寄去了他对他们体验的纹理—结构描述的综合的复印件。他要求每一个参与者——她或他——仔细检查关于寻找生命意义的统一描述，并做出补充和修改。在做出回复的13名参与者中，有8名参与者说，这一综合是准确的，不需要修改。汉弗莱评论说：

> 第十四名参与者通过邮件联系了两次，通过电话联系了两次，但是并没有回复。

> 三名参与者就遗漏和重点问题提出了重要建议。两名参与者表示，他们并不认为他们寻求意义的"黑暗面"——他们有时体验到无意义的恐惧感或者普遍的混乱——得到了充

分的再现……这对我而言是一种令人瞠目的对抗，它使我更仔细地审视自己对存在的虚无和隐藏的绝望的恐惧，这些恐惧可能会引导人紧紧抓住某物而不是冒险进入毫无意义的深渊。我原以为关于自己寻求的启发式研究已经十分详尽了……我已经知道，就在参与者全面描述他们对无意义的恐惧时，两个转录者已经辞去了继续从事我的项目的工作，而他们正忙于两种不同的研究访谈。很显然，这是寻找意义的一个强大而困难的方面，我们中的一些人却宁肯回避这一点。幸运的是，参与者验证的步骤突出了对这一方面的不重视。我回到……我自己的寻找，也会重新审视研究访谈。（pp.81-82）

[转载已经过作者的允许]

汉弗莱修订了"综合"陈述，大大拓宽了寻求生命意义中的黑暗面的特质和意义。

专业和研究文献综述

准备进行现象学研究的另一种方法涉及与研究主题和问题相关的专业和研究文献的综述。研究者评价已有的相关研究；将他人的研究设计、方法论和研究发现与研究者自己的研究区分开来；指出他或她正在寻求和期望获得的新知识。

库珀（Cooper, 1989）确定了四种主要的文献综述。综合综述介绍了与一个主题相关的"知识状况"，并从许多被评论的独立研究中得出结论。这些研究典型地界定了研究问题、概述了资料收集的方法、评价了资料、进行了分析和解释、并呈现了研究发现。理论综述分析了用以解释现象存在的理论。方法论综述考查了已发表的著作中所发展的和使用的研究方法。**主题综述**整理了研究所呈现的核心主题，并在核心主题中呈现了研究发现。无论何种取向，正式和非正式的方法都会被使用。

库珀（Cooper，1989）强调，在进行综述时要使用多种途径。这些途径可能包括计算机检索的心理学和教育文献（比如，PsychINFO和ERIC）的摘要、计算机检索的社会科学引文索引、在版书目、国际博士学位论文摘要等资料库，研究者可以从中获得相关的摘要，并成为更广泛研究的重要资源。

手工检索的和非正式的来源可能包括，对该主题的综述论文中引用的参考文献的跟踪，以及从图书馆索引中获得的书单上出现的参考文献；在书店和图书馆浏览；与该方面的专家联系；与教授和其他学生进行交流；查阅政府机构的相关文件；从以往的文献综述中研究关于该主题的评述；参加专业会议。在确定关键描述词以查找参考文献时，可以使用心理学术语索引词典和综合词典。

在对57名心理学和教育学研究综述作者的调查中，库珀（Cooper，1989）确定，参考文献的意义来源于各种各样的检索。最重要的是：计算机检索摘要资料库，比如ERIC和PsychINFO；手工检索摘要资料库；计算机检索引文索引，比如SSCI；手工检索引文索引；其他人撰写的综述论文中的参考文献；其他人撰写的著作中的参考文献（p.59）。最经常用到的是：其他人撰写的评论文章中的参考文献，其他人撰写的著作中的参考文献，与那些经常与研究者分享信息的人进行交流，来自期刊的非综述论文中的参考文献以及计算机检索的摘要资料库（Cooper，1989，p.59）。

库珀（Cooper，1989）总结了使用技术和非技术文献的目的。技术文献包括：关于概念和关系的理论敏感性，以便从某人自己的研究中寻找证据, 确认或否认概念和关系的相关性, 并学习处理和解释资料的方法; 二手资料来源可以提供有用的访谈和田野笔记, 以及相关事件、行为和研究参与者视角的描述性材料; 与合作研究者一起探讨问题的指南; 有助于发展自己理论的想法, 以及对研究发现准确性的补充验证。(pp.51-52)

非技术文献 "可以被用作原始资料, 尤其是历史研究和传记研究。在大部分研究中, 它们[即信件、个人传记、日记、报告、录像带和报纸]都是重要的资料来源, 为最常见的访谈和观察提供了补充"(Cooper, 1989, p.55)。

特朗布尔关于冠状动脉搭桥手术的研究: 文献综述

特朗布尔(Trumbull, 1993)在他对冠状动脉搭桥手术的现象学研究中, 对医学文献资料库进行了计算机检索, 覆盖年限为1980年至1991年。他查找到6919篇文章和学位论文的引文。在排除非人文的和外文的研究, 将列表限定在心理学、精神病学、身心治疗以及心理社会学的研究之后, 他将列表减少到82个标题。

在第二个资料库中, 特朗布尔使用了PsychINFO资料库, 同样涵盖了1980年至1991年间的文献, 他获得了30篇引文的输出资料, 其中5篇是学位论文。其中有27篇涉及心理和社会心理方面的影响以及搭桥手术对生活质量的影响; 2篇涉及对配偶和家庭的影响; 1篇关注搭桥手术之后的药物治疗及其影响。

特朗布尔还使用了相同时段的社会科学文摘资料库(Sociological Abstracts)。输出结果中没有出现与搭桥手术的心理和心理社会方面相关的引文。然而, 重复检索并且增加检索词 "心脏病", 有27篇引文出现; 其中有26篇与他的研究问题无关。1篇相关的是关于搭桥手术与心理社会影响、效果以及生活质量的影响。

他使用的第四个资料库是期刊索引（Magazine Index），它包括常用的期刊引文。由此获得了3篇相关引文——2篇是经历手术的人的自传式叙述，1篇是关于心理社会影响、效果和生活质量的。

在对一个专业图书馆系统的"手工"（hands on）检索中，特朗布尔发现有9本已出版书与他对经历冠状动脉搭桥手术体验的研究相关。列表中有4本呈现了旨在预防术后进一步问题的关于饮食和生活方式改变的教育及信息材料；3本是对经历过手术的个人的自传式叙述；2本是关于通过术后饮食和生活方式的改变来预防进一步问题的产生。

特朗布尔只找到了一项质性研究。这项研究对心脏搭桥手术进行了内容分析。

在文章、学术论文等书籍中，研究一般集中在与冠状动脉搭桥手术的量化结果和效果相关的行为的单一方面。

资料收集的方法

通常在现象学研究中，长时间的访谈是收集关于主题和问题的资料的方法。

现象学访谈涉及一种非正式的、互动的过程，并使用开放式的评论和问题。尽管主要研究者为了唤起一个人对现象体验的全面描述，可能事先形成一系列的问题，但是，当合作研究者分享他（她）对括号中问题的体验的完整故事时，这些问题会发生变化、改变或者根本不能使用。

通常，现象学访谈始于一种社交谈话，或者一种简短的冥想活动，旨在创造一种轻松信任的氛围。根据这种开放性，研究者建议合作研究者花一会儿时间关注体验、特定的意识及影响的时刻，然后充分地描述这一体验。访谈者有责任创造一种研究参与者感觉到舒适和真诚全面地做出回应的氛围。

斯蒂维克:关于愤怒的研究

在关于愤怒的研究中，斯蒂维克（Stevick，1971）对研究参与者的选择是基于他们"提供其关于愤怒生活体验的充分描述"的能力（p.135）。因为她的研究参与者是她以前的学生和朋友（在她设计的年龄范围之内——15到18岁之间），斯蒂维克知道哪些女孩子能够提供关于她们愤怒体验的全面描述。她说，"方法和现象必须对话，什么方法最能允许现象所有方面——主体的处境、行为和体验——的充分显现？"（p.135）。斯蒂维克用一个宽泛的陈述开始每一次访谈："试着回忆一下你最近的一次愤怒，告诉我你能想到的关于这一情境的任何事情，你的感受，做了什么，说了什么。"其他的问题在访谈过程中会很自然地被问到，"以澄清和更充分地描述他们的回答"（p.135）。下面来自斯蒂维克研究中的摘录阐明了现象学研究中开放式访谈的过程。

E：请试着回忆一下你最近的一次愤怒，告诉我当时的情形、你的感受和行为，以及你所说的话。

S：最近一次让我感到愤怒的是我的奶奶。我真希望她已经死了。她总是跟在你的身后，不管你做什么。不管你做什么，总是错的。就像昨天晚上，我们刚回到家，她就想让我们洗衣服。我们说，不行，我们今天工作了一整天，我们以后再洗吧。所以她生气地对我们说："哦，你们从来都不做任何对的事情；你们从来都不做这儿的任何事情"。所以，你做的任何事情都是错的。所以愤怒意味着你不能忍受一个人……

E：当她开始那么做时，你有做或说什么吗？

S：当她那么做时，我什么也没说，因为我知道要闭嘴；她只是喜欢听她自己唠叨。所以我只是对自己说："让她说吧，她迟早得闭嘴"。

E：当你愤怒的时候，你说你想到你有多恨她，然后你又告诉自己，你就要离开了。你是通过这样告诉自己而让自己平静下来吗？

S：是的，我说："算啦，迟早你会离开这里，所以……"

E：当你对其他人愤怒的时候，你会说什么或做什么？

S：有时候我会哭。当他们真的对你说了什么的时候，你只需要回到你的房间，然后说："为什么必须是我和这些人住在这所房子里。"你只是为此而哭，哭出来之后感觉会好些。

E：你曾经反驳过吗？

S：有时候会，通常她听不见我说，因为如果她听到的话，那么就全完了……

E：你不得不发泄情绪，这种感觉是什么样的？

S：因为如果你不这样做的话，嗯，我感觉就像它必须释放出来。我要么对某人说，要么哭泣，要么对自己说"你得离开这里"。因为如果你不这样做的话，一切都将会越积越多。

（Stevick, 1971, pp.137-138）

一般访谈指南

有时，当合作研究者的故事具有充足的意义和深度，却没有从质的方面挖掘体验时，就需要使用一个一般的访谈指南，或者主题式的指南。宽泛的问题，如下所述，也可能有助于获得合作研究者关于现象体验的丰富、重要、实质性的描述。提问的语言和适时提问的方式有助于充分揭示合作研究者的体验。

1.对你而言，有哪些突出的维度、事件和人与体验紧密相关？

2.这一体验是如何影响你的？这一体验给你带来了什么变化？

3.这一体验是如何影响你生活中的重要他人的？

4.这一体验产生了哪些情感？

5.你有哪些突出的想法？

6.你当时觉察到身体上的哪些变化或状态？

7.你分享了与这一体验相关的所有重要方面吗？

开始一次访谈

在访谈之前，主要研究者实行前面所描述的悬置过程，以便在很大程度上，将过去的关联、理解、"事实"、偏见放置一边，不歪曲或者引导访谈。悬置过程的实行在访谈过程中也可能是必要的。

我们从瑞克·科潘（Rick Copen, 1992）对失眠的初步研究中选取了开始访谈的一个例子。

J= 珍妮特

R= 瑞克

J：我不知道从哪里开始。我不确定你想让我从哪里开始，怎样开始。

R：你可以从描述第一次失眠的体验开始。

J：我在半夜仍然醒着，我将熬过漫漫长夜，当我醒后就再也睡不着了，你知道的。所有的想法都萦绕在脑海中。

R：所有的想法，像——

J：嗯，担心，我的孩子们。我想到我的孩子们和他们年轻的时光。我过多地沉浸在过去的生活中。

R：对，那些晚上的沉思默想都是关于过去的。

J：还有，过去导向未来和现在，我对死亡思考了很多。我的就寝时间非常不稳定，嗯，你知道，我打算去睡眠障碍诊所，试着使我回到按时睡觉，按时起床的状态。

R：对。

J：我取消了午睡……当我半夜没有醒来时，我晚上可能会睡上三四个小时。第二天，我身心疲惫，因为我现在不工作了，你知道的。我退休了，我能够打个盹儿，就早睡而言，这再次打乱了我的睡眠习惯。

R："早"指的是几点钟？

J：比如九点，或者九点半。

R：然后你会睡多长时间？

J：直到大概，哦，两点。

R：当你醒来时，是一种什么感觉？

J：哦，我是一个睡觉很不安稳的人。我总是翻来覆去地看着钟表。而我做的一件事是，我现在已经把钟表转向了墙壁。我并没有发觉自己在寻找钟表，因为我知道它不在那儿……一宿都没睡好。我会做梦。我的意思是，好像每次醒来我都会去洗手间什么的。我做着梦，我重新入睡的唯一方式就是试着回到床上，思索这个梦，让自己重新回到梦中。

R：噢，这非常有效。

J：这就是我自从去了诊所以后一直所做的事情。

R：所以，你关注你所做的梦和你做梦中断的地方，并且不管怎样——

J：我尽力了。我不知道我是否做梦了，但是当我再次醒来时，或者当我翻身时就会醒来，我的意思是，我总是不停地翻来覆去。我是一个睡觉非常非常不安稳的人，我不记得以前有这么不安稳。

R：……当你在凌晨两点钟醒来时，你是完全清醒的吗？

J：如果我躺在床上开始思考，我就是清醒的。你知道，如果我开始思考，不管它是什么。你知道，我会心事重重。嗯，因为，你知道，我要开始思考了。如果我思考现在的任何事情，我现在的生活，那么我将难以重新入睡，我可以突然离题转向其他的想法。我会好几个小时一直保持清醒。

R：那么你是在凌晨两点钟逐渐醒来的吗？然后你就会开始思考？

J：当我醒来的时候，肯定是我翻了个身，或者我看了看钟表，然后立马就会开始思考一些事情。如果我看了看时间，我看到是三点半，有时我会想，哦，太好了。我还会再次醒来。或者有时我会想，哦，我只剩两个多小时了，你知道的。然后我就会开始思考。你知道，这取决于我对自己的感受如何。你知道，我很怕胖，我的生活似乎集中在我的体重上，如果我更瘦些，我感觉会更好并且喜欢我自己。我最近通过一个"最佳—快速"项目减掉了四十磅，现在又增加了十磅。我不喜欢这样。所以我很苦恼，如果我半夜醒来，我想到的第一件事就是去洗手间，然后在半夜里称体重，看看自己是不是瘦了。

[转载已获得作者许可]

资料的整理和分析

资料的整理始于主要研究者将转录的访谈置于他或她面前, 并通过现象分析的方法和程序来研究这些材料。这一程序包括资料的*视域化*, 每一个与主题和问题相关的视域或陈述都被视为具有同等的价值。主要研究者从视域化的陈述中列出"意义"或者"意义单元"。在消除重叠和重复的陈述后, 它们被聚类成一般的范畴或主题。使用聚类的主题和意义形成体验的*纹理描述*。从这些纹理描述、结构描述以及纹理与结构的综合进入被构建的现象的意义和本质中。

参考文献

Blanck, P. D., Bellack, A. S., Rosnow, R. L., Rotheram-Borus, M. J., & Schooler, N. R. (1992). Scientific rewards and conflicts of ethical choices in human subjects research. *American Psychologists.* 47 (7), 959-965.

Cooper, H. (1989). *Integrating research: A guide for literature review.* Newbury Park, CA: Sage.

Copen, R. (1992). *Initial interview on the experience of insomnia.* Unpublished raw data.

Copen, R. (1993). Insomnia: A phenomenological investigation. (Doctoral dissertation, The union Institute, 1992). *Dissertation Abstracts International.* 53. 6542B.

Fraelich, C. B. (1989). A phenomenological investigation of the psychotherapist's experience of presence. (Doctoral dissertation, The Union Institute, 1988). *Dissertation Abstracts International*, 50, 1643B.

Humphrey, E. (1991). searching for life's meaning: A phenomenological and heuristic exploration of the experience of searching for meaning in life. (Doctoral dissertation, The Union Institute, 1992). *Dissertation Abstracts International*, 51, 4051B.

LaCourse, K. (1991). *The experience of time. Unpublished manuscript*, Center for humanistic Studies, Detroit, MI.

Stevick, E. L. (1971). An empirical investigation of the experience of anger. In A. Giorgi, W. F. Fischer, & E. Von Eckartsberg (Eds.), *Duquesne studies in phenomenological psychology* (Vol.1). Pittsburgh: Duquesne University Press.

Trumbull, M. (1993). The experience of undergoing coronary artery bypass surgery:A phenomenological investigation. (Doctoral dissertation, The Union Institute, 1993). *Dissertation Abstracts International*. 54, 1115B.

7.

现象学研究：分析与范例

本章呈现了人文科学研究调查中的资料分析方法和研究资料范例。为了指导人文科学研究者，我对两种资料分析方法进行了改进。首先是我对范卡姆（van Kaam, 1959, 1966）分析方法的修改。下面的大纲包含了分析每位研究参与者访谈转录稿的详细步骤。

范卡姆现象学资料分析方法的改进

使用每位研究参与者的完整的转录稿：

1. 列表和初步分类

列出与体验相关的每一表述。（视域化）

2. 还原和消除：确定不变要素

检验每一表述的两个标准

a.它是否包含了可以作为理解体验的必要和充分要素的体验瞬间？

b.有可能对它进行抽象或标记（lable）吗？如果可以的话，它就是体验的一个视域。

没有满足上述两个标准的表述会被删除。重叠的、重复的以及模糊的表述也会被删除，或者用更准确的描述性词语来呈现。保留下来的视域就是体验的不变要素。

3. 聚类和主题化不变要素

将体验中相关不变要素聚类成一个主题标签。归类的和标记的要素是体验的核心主题。

4. 通过验证最终确定不变要素和主题

对照研究参与者的完整记录，检查不变要素及其伴随的主题。（1）它们在完整的转录稿中，被明确地表达了吗？（2）如果没有被明确表达，它们是相容的吗？（3）如果它们不够明确或者不相容，它们就与合作研究者的体验不相干，应该被删除。

5. 使用相关的、经过验证的不变要素和主题，为每一位合作研究者构建一份关于体验的个体纹理描述。包括访谈转录稿原文的例子。

6. 基于个体的纹理描述和想象变更，为每一位合作研究者构建一份关于体验的个体结构描述。

7. 为每一位研究参与者构建一份关于体验的意义和本质的纹理—结构描述，合并不变的要素和主题。

从个体的纹理—结构描述形成一份能够代表整个群体体验的意义和本质的综合描述。

现象学资料分析的斯蒂维克—克莱茨—基恩方法的改进

整理和分析现象学资料的另一种方法来自我对斯蒂维克

（Stevick，1971）、克莱茨（Colaizzi，1973）以及基恩（Keen，1975）所推荐的分析方法的修改。每一步骤都在恰当的分析顺序中得到呈现。

1. 使用现象学方法获得一份你自己关于现象体验的详尽描述。

2. 根据你的体验的逐字转录稿完成下面的步骤：

    a.考虑每一个对体验描述而言重要的陈述；

    b.记录下所有的相关陈述；

    c.列举出每一个非重复性的、非重叠性的陈述，这些是体验的不变视域或意义单元；

    d.将不变的意义单元关联和聚类成主题；

    e.将不变的意义单元和主题综合成一份关于体验的纹理描述，包括原文的例子；

    f.反思你自己的纹理描述，通过想象变更构建一份关于你的体验的结构描述；

    g.构建一份关于你的体验的意义和本质的纹理—结构描述。

3. 对其他每位合作研究者体验的逐字转录稿完成上述步骤，从 a 到 g。

4. 根据所有合作研究者体验的个体的纹理—结构描述，构建一份关于体验的意义和本质的综合的纹理—结构描述，将所有个体的纹理—结构描述整合成一份代表整个群体体验的普遍描述。

在接下来的部分，我从各种不同的研究调查中，提供了如下范例：视域化；界定不变主题或意义单元；将不变要素聚类成主题；个体纹理的和个体结构的描述；综合纹理的和综合结构的描述，纹理和结构的意义及本质的综合。

视域化：弗瑞里希关于心理学家—心理治疗师在场的研究

在这份研究访谈（Fraelich，1989）的摘录中，我选取了逐字转录稿的一部分来代表治疗师"在场"体验的视域化。这一视域化的范例表明了善于接受合作研究者体验的每一个陈述，给予每一评论同等的价值，从而鼓励研究参与者和研究者之间的有节奏的交流、互动以激发体验全面表露的重要性。治疗师在场体验的摘录始于一种公开的邀请。研究参与者将"在场"描述为内在准备、内在空间意识和想象准备，作为进入治疗性接触的方式，设定基调，传达对倾听、聆听的一种警觉、接纳和协调，并对接受治疗的人所呈现的任何东西做出回应。视域化中的每一陈述都具有同等的价值，都有助于理解治疗师在场的本质和意义。

R：研究者

P：参与者

R：我想让你做的是，用你自己的话尽可能充分地描述，你作为治疗师是如何体验自己的在场的。你可以从进入那一体验开始……别着急，当你准备好了，就可以开始。

P：好吧，当你读到在场的描述时……我意识到我所做——我尝试着去做——的一件事，比如我要见很多人，彼此之间要有足够的空间，以便事先做一些准备。这更多的是一种内在的准备。我想到的那个人每周过来一次。在他来之前，我会首先看一看前一周的记录。与其说是为了了解一些细节，不如说只是为了将他呈现给我。然后当我这么做的时候，我想象他的处境，尤其是像上面描述的那样，我只是接受了这一点，所以我感觉我已经开始在场了。在他来之前，就让他进入我的意识。这是一个方面。

R：……某种准备，定一种基调。

P：为我和他的关系定一种基调……我只是让一切归于平静。你知道，如果我整个上午都一直忙于工作，或者一直与某人交谈，我只是想把所有的一切都放下，仅仅是试图放下所有的一切，以便能拥有一个尽可能开放的意识。

R：所以，外在的世界被抛掉了。

P：对，只是把它们抛到脑后。这种准备只是为了和他待在一起。

R：你还有其他体验属于这种准备时间的一部分吗？

P：嗯，没有。当我看上周所做的记录时，我试着去理解我们之前谈论的内容……我努力与我们最后得到的东西保持一致。通常我会把它作为开始谈及的第一件事。

R：所以，你试图在会面之前，也就是在你进入之前，你尝试尽可能多地去了解那个人去过的地方、他们现在所在的地方、他们将要去的地方，你试图去了解那些。

P：这只是其中的一部分。我意识到还有一种感觉，这是我准备的一部分，尽管我内心有这个想法，但当他走进房间时，我还是想对他现在的地方真正敞开心扉。也许它非常不同于一周前的最后一次会面，无论什么时候。

R：它是一种开放性，只是一种顺其自然的品质……努力弄清楚他在哪里。

P：我想对他所在的地方保持开放。我抛掉我所有的想法，进入一种安静的意识状态。这是很重要的，这样我就能够接受新的东西，你知道，就好像这是我第一次见到他，有点好奇他会带来什么……

这肯定感觉像是在场或者我自己的在场。

R：现在，我对你的感受有了相当清晰的了解。你想接近那个人。你已经准备好了在那里等他。

P：是的，你说得很对。

R：你能告诉我更多关于它的情况吗？

P：好，这就像想知道或关心他是谁一样。我不知道他是谁，这对我来说是一个问题。就像他呈现了他的生活故事或者其中的任何部分；他描述了很多关于他自己的事，就像有很多未完成的事情，有很多主题是含蓄的，而不是明确的。所以这是某种询问："比尔，这个人到底是谁，这个正在挣扎的表现出各种感受、想法和生活体验的人是谁？究竟是谁在那儿？"

R：那就是你的兴趣和关心的事吗？

P：是的。关心他，关心他去哪里，我已与他结成同盟。我已经承担着某种责任，帮助他认识他是谁，他将走向何方。

R：而且，好像还有这样的好奇——我想知道这个人是怎么回事。

P：对……我只是想知道那后面的东西是什么。我认为一个人的兴趣越高，你知道，你就会得到结果。你或者把自己嵌入其中去体验，比如说其他人的世界，而这就是我认为的兴趣所在，它把我们带进了另一个人的世界……心理治疗对我而言就是尽可能地将自我沉浸在他人的世界当中。这是我放下自己的世界为会面做准备的一部分。放下它我才能自由……我可以坐在那里，沉思我在一小时之后打算做些什么或者前一个小时在做什么，或者我可以放下这些，去关注我的担忧和他的焦虑，真的只是关注，真正地进入他人的世界。

R：听起来像是你把你的担忧指向他，但是仍然和你在一起，把你自己带进来，把对自己的担忧抛在一边。

P：抛下我自己的担忧，我自己的想法，我对自己的感觉，我的工作、娱乐，等等。他负责带来他想要的东西。他必须决定，带着这个，带着他自己的一部分，而我想以一个客人的身份去那里。对我而言，这是一个不错的形象。在客人来之前，准备好你的房子或者无论什么东西。你在想着客人、准备着，你就在那里等着他。

R：你刚才谈到增强的意识，你能更深入地谈谈它吗？

P：嗯，我想是在充分的意义上增强了，在精心调整的意义上增强了。嗯，我再次获得了这种形象，它也许让我的思想和感受在我生活的各个方向上扩散，我把那种带我去关注生活中其他问题的精力投入到自己身上，并把它引导到我对客户的兴趣和接受上，所以，我是清醒的，有一种增强的意识。只是一种在场的充实。（Fraelich，1989，pp.87-95）[转载已获得作者许可]

视域化：帕尔梅里关于虐童的研究

视域化的另一个例子选自帕尔梅里（Palmieri，1990）对"成人关于童年时期遭受虐待的体验"的研究。他对杰拉尔丁的访谈阐明了现象学分析的第一步——视域化或者承认每一个陈述都具有同等的价值。下面的视域陈述节选自对杰拉尔丁进行的研究访谈的前五分之一和后五分之一，在访谈中讲述了她小时候被父亲性侵的经历。研究访谈的每一视域都增添了意义，并提供了对性虐待场景、虐待发生的情况，以及受害者的想法和感受的越来越清晰的描述。

访谈的前五分之一

1. "我记得那扇门，当时我站在通往客厅和厨房的门之间，我的爸爸轻轻地走近我。"

2. "我感觉，我能感觉到真正的紧张、抗拒，但是根本不能控制当时的局面。"

3. "我想我是从客厅进入厨房的，我爸爸从我身后、从客厅走过来。之前，他一直坐在自己的椅子上。"

4. "当我走进客厅时，就在那时，他一把抓住了我。并且不停地对我动手动脚。一直盯着我看。是的，他双膝跪在地上，就那么一直抬头盯着我看。"

5. "我只记得他的眼睛。我从来没有从中看到仇恨。它仅仅像是一种渴望。就像需要某种东西。我不知道。当时，我还不知道那是什么。"

6. "但现在，在结婚之后，我想可以把它称为某种性渴望。情欲强烈的。我感到害怕。有点儿紧张。有点儿颤抖。"

7. "我回想起来了。当时家里没人，我不知道会不会有人进来。因为它恰好在房子中间的一个开阔的区域。如果有人从其中的一个门进来，他们都会看到的。"

8. "于是，我以另一种方式希望有人回到家。想知道我的哥哥在哪里。想知道我的姐姐在哪里。他们出去多久了，他们可能什么时候回到家。这就是我记得当时想到的东西。"

9. "希望有人进来阻止它。"

10. "我记得我拉起裤子就跑进了浴室。结束之后，我所能记得的就是想去洗手间，把自己打理一番。"

11. "我记得我离开了房子，待了很长一段时间，我才注意到有人又回来了。"

12. "不过，我不记得对我的父亲有任何想法或感受，我能记得的就是逃避和躲着他。至于对他的仇恨，直到最近我才真正意识到。"

13. "后来，我发现就在几年前，它也在我的姐姐身上发生过……是我的父亲告诉我的。这是在我妈妈坐在房间里接受治疗时提到的。"

14. "现在回想起来，从治疗中以及与他人的谈论中，我知道那不是我的错。但是，我不记得当时我是否感觉到那是我的错。我一点儿也想不起来了。"

15. "我能记得的就是竭尽全力去避开他，所以没有再发生这样的事。我总是当心着他。"

16. "我感觉他一直直勾勾地看着我。当他看着我时，我感觉很不舒服。我只记得自己是那么想躲开他，以至于即使我看到他那种表情时，我会觉得不舒服。当他看的时候，他看起来就像知道某些事情，或者他做了一些让我感觉到过错的事情。"
(Palmieri, 1990, pp.50-52)[转载已获得作者许可]

访谈的后五分之一

1. "一个词闪现在我的脑海中，羞耻。感觉到羞耻，我很羞愧。我的爸爸在羞辱我。使我感觉到肮脏。"

2. "我想说的是，那时我才12岁，那时我应该刚刚开始成熟，对性的了解应该通过我自己的经历……我自己的……我想要做的……不仅仅是被迫做某事。我感觉他把这一切都从我这里夺走了。"

3. "因为在那件事发生以后，我只是没有，总之我对男人和男孩的总体感觉就改变了。那时我刚刚开始喜欢男孩子。"

4."我不知道。我想我对性关系的感觉应该是……对我而言根本不是那样子的。即使是与詹森美好的性爱关系。它不是我曾经梦想的样子。只是一些浪漫的事情，完全令人向往的以及接纳我这样的人的故事书式的幻想。对我的期待不会超过我愿意给予的。这类幻想。"

5."我是和罗恩在一起时感觉到的，嗯，一方面罗恩善解人意。他十分温柔。但是，这么多年来，我和罗恩的关系起初真的非常好。后来，就像在过去五六年里，当所有这一切浮现在我脑海里，我接受了反复的治疗，情况并不太好，但最近又好起来了，这有点反反复复。"

6."我的意思是，罗恩从来没有试图强迫或迫使我做任何我不想做的事情。在我父亲那里，所有的一切完全违背了我的意愿。我尊重罗恩，因为他不是仅仅为了性才追求我的，而这恰恰是我从我的父亲那里感受到的。"

7."我知道最让我担心的主要是我的大女儿……她快十岁了，开始发育了。那是一种强烈的恐惧，害怕发生在我身上的事情同样会发生在的她身上。"

8."起初，我原以为会来自她的爸爸，因为发生在我身上的事来自我的爸爸。但我想，罗恩从来没有做过那样的事。这就是我想说的。我说他绝不会做那样的事部分原因是，我认为我很了解这个男人，然而，我的妈妈很明显了解我的爸爸。我真的不相信我的妈妈知道发生了什么事情。"

9."我跟罗恩谈过，他知道了发生在我身上的事情。我真的，百分之九十九我可以确定，他永远不会碰他的女儿，但是仍然有百分之一的保留。"

10."关于此事，我的确与凯莉谈论了许多。只是关于这个主题本身，只是让她知道，如果有人碰她，不管他是谁，你知道，她都可以来找我。"

11."她来找过我。她被她的一个女朋友的父亲接近过。我想去那里把他勒死。但是，她不想让我那么做。她甚至不想让我跟他谈及此事。"

12."很长一段时间里，我想我把爸爸对我所做的归咎于我的妈妈。因为这件事发生在她的身上。她受到过她爸爸的性侵犯。如果她受到过她爸爸的性侵犯，那么我也会受到我爸爸的……这让我更了解我女儿的感受和需要……有什么蛛丝马迹可以找到。"

13."那么我就很纳闷，为什么她没有看到发生的事情。哪怕只是它改变我的方式。"(Palmieri, 1990, pp.52-54)[转载已获得作者许可]

不变视域或要素：猜疑

不变的视域指向体验凸显出来的特质。迪科宁（de Koning, 1979）将一位合作研究者的猜疑体验的描述还原到下述核心视域，从中得以识别猜疑发生的条件、猜疑的线索，并且猜疑本身被确认或被证明为是没有根据的。

1.我处于一种并非感觉不安全的环境中，但是我知道我很容易感到不安全，就像我在类似的情况下所做的那样。我与一对已婚夫妇和一位朋友在一起。

2.这对已婚夫妇彼此之间以及与这位朋友之间的关系都非常好（我有点嫉妒这位朋友）。他们彼此认识已经有一段时间了，而我只是这个小组中新来的。我只与这个小组中的一名成员关系密切，我认识这对已婚夫妇只有很短的一段时间。

3.他们善于交际早已声名远扬，然而在我遇到他们的时候，我还是非常强烈地体验到这一点。

4.我感觉好像我的良好沟通的能力正在被观察和（也许）被检验。

5.我对此感觉尤为强烈，因为这对夫妇非常喜欢三人小组的第三个成员（我的朋友），而我是他生活中的"新女性"，我感觉我的整个表现都在受到评判。

6.尤其是想起他们所说的关于前女友的那些话，想着自己在他们眼中被"发现缺乏"某些方面。

7.我已经非常不幸地发现，这对夫妇中的女方有一种非常强势的个性，而另一方的问题和陈述直接到可能令人痛苦。

8.在整个晚上，我已经感觉到这对夫妇中的女方说了一些关于我的事情，因为我以前的确经历过一次，但我从来没有真正发现我的猜测是否正确，即有人当着我的面说了一些"不友好"的话。

9.第三次的时候，我怀疑即使这对以坦率著称的夫妇，当我在场的时候也会说些什么，但同时我敢肯定，他们的评论是悄无声息地迅速做出的。

10.我开始纳闷，我究竟做了或说了什么可能会引起他们非议。我快速地重温了一下过去发生的事情和谈话，同时也在琢磨可能不是我的一个个别的、欠考虑的表达激起了她的反应，而是一种更普遍的感受，使得他们议论一些关于我的事情。

11.我也不能决定是否要反驳他们，因为，如果是我错了，我所有的不安全感将会暴露无遗，这将会削弱我释然的感觉，再者，我不得不为我把他们想得"卑鄙"而道歉。

12.我还感觉到，如果我是对的，我可能并不想知道究竟是什么使他们讨厌我。

13.最后，我真的挑战了他们，对我而言，那需要相当大的勇气。事实证明是我错了，但是我的感觉是对的，我的释然感并没有那么强烈，因为现在每一个人都知道，我曾（毫无根据地）猜疑过他们对我的情感。

14.我想我特别敏感，因为获得他们对我的认可意义重大，我知道他们的意见会受到我朋友的尊重。

15.就在我以为她们说了些什么的时候，我感觉胃里有什么东西在搅动，一股肾上腺素涌遍我的全身，好像我必须保护自己免于他们的攻击。

16.我并非马上确信我的猜疑毫无根据，因为，即使实际上什么也没有说，我也想知道，是否他们的态度中的一些东西，或者他们声调的变化所表达的也许和实际的言语一样多。

17.直到很久以后，我才确信他们并没有说我什么坏话，我才感觉到如释重负。（de Koning，1979，pp.125–127）［转载已获得迪尤肯大学出版社许可］

不变要素或视域：心脏搭桥手术

特朗布尔（Trumbull，1993）分析了他所有的14位合作研究者关于经历冠状动脉搭桥手术的体验的逐字转录稿，以确定重要的、相关的和不变的意义，这些意义提供了对该体验的鲜活描述或亮点。他获得了44个不变要素，并将其聚类成八个主题，如下所述：

I. 与医务人员、信息、流程和干预的关系

    A.与医务人员的关系

    B.心脏问题发展的最初体征和症状

    C.经历一系列的医疗检查

    D.冠状动脉搭桥手术的费用

    E.医务人员告知相关的事件、检查和流程

    F.关于手术流程的想法、记忆和实际所听说的情况

    G.冠状动脉搭桥手术所必需的医疗准备

II. 与冠状动脉搭桥手术相关的身体疼痛和焦虑

    A.术后醒来，身上插满了管子

    B.非常口渴，但只允许少量的流食

    C.在家的康复过程

    D.参与锻炼项目，并开展定期锻炼

    E.视时间为治愈的良药

    F.胸部疼痛

    G.伤口

    H.腿痛

    I.害怕持续的心脏问题、可能的心脏病发作或者不得不再次经历心脏病搭桥手术

    J.术后身体功能的恢复

    K.增强了对心脏、锻炼和饮食的意识

    L.被连接到机器上

    M.恢复日常活动

N.幻觉

O.合作研究者意识到心脏搭桥手术之后的好转

III. 与手术相关的感受和记忆

A.不相信合作研究者患有需要进行心脏手术的心脏问题

B.关于内科医师和医务人员如何控制病人生命的感受

C.期待手术

D.增强的情感意识

E.手术的负面影响

F.感到脆弱

G.感觉生活或者上帝或者世界是不公平的，因为他们才应该患有心脏病

H.处理身体上的疼痛

I.感觉这个人已经对发生在他或她身上的事情失去了控制

J.在医院中的一种安全感

K.心脏搭桥手术之前的最后记忆

L.术后初步的记忆

IV. 家人和朋友的重要性

A.与家庭成员的关系

B.与朋友的关系

V. 时间对冠状动脉搭桥手术的影响

A.对时间的知觉

B.使人想起以前时光的经验

VI. 想象与冠状动脉搭桥手术相关联的死亡

A.关于人的死亡的想法

VII. 唤醒或确认宗教信仰

　　A.手术对个人宗教信仰的影响

VIII. 冠状动脉搭桥手术后新生活的视域

　　A.手术的重要性或意义

　　B.一种新生活的感觉

　　C.改变饮食

　　D.改变吸烟习惯。(Trumbull, 1993, pp.121-122)[转载已获得作者许可]

主题描述：米瑟尔对中年职业变换的研究

从不变要素中，研究者运用现象学反思和想象变更，构建了关于体验的主题描述。米瑟尔（Miesel, 1991）研究了"人到中年职业变换的体验"。下述的逐字摘录再现了他将界定的意义或视域聚类成核心主题的过程。它们再现了中年职业变换中所固有的，而且往往是一系列的独特过程。

　　1.个人看法对变化过程的影响——资料显示有三个主要因素影响着参与者的个人看法：（1）变换者的自信程度；（2）重要他人的支持；（3）从生活事件的构建中获得的个人意义。这些因素在很大程度上解释了他们在如何看待这种转变及其对于他们生活的意义方面的个体差异。

　　2.核心感受与身体意识——强烈的感受产生于决策过程确立的冲突。继而产生的疑惑和担心常常伴随着特定的身体反应。消极的感受随着过程的展开被希望和个人满意取代。

　　3.职业变换与自我实现——职业变换者是以成长型为导向

的，并且对实现他们最大的潜能感兴趣。当他们在这一过程中挣扎时，他们在其工作中展现出对成就、创造性和自我表现的需要。十二名参与者中有九名返回学校接受新职业的培训。他们强烈提及过渡这一部分所固有的决定、困难、成功和个人意义。金钱和时间是需要处理的强有力的因素。

4.一种新身份的整合——中年期职业的自愿重新定向变成了一种更好地认清真实自我的工具。随着新需求的产生和满足，一个人性格中隐藏的方面就会浮到表面。当一个人继续与他或她的新职业及其感知到的意义互动时，这一过程是正在进行的，并且是体验的一个不可或缺的组成部分。变换者在接受新的职业身份时会经历一个"过渡期"。

5.个人价值观的重新调整——在转变过程中的特定时刻，变换者就他们对自己的感觉及其前行方向进行内在对话。一些旧的价值观被抛弃了或者改变了。新的价值观则移向一个更突出的位置。这些变化似乎产生了不同的影响，这取决于变换者选择处理过渡的方式、他们的性别，或者他们如何看待教育和个人成长的价值。

6.时间和空间的影响——这些存在被合并成一个包容的主题，它包括普遍的结构和多维的特质。时间以一种线性的存在方式被体验。空间最初以受限的方式被体验，这种方式在体验的后一阶段，往往会带来一种自由的感觉。

7.对自我与他者关系的影响——职业变换影响了与他人的关系，特别是配偶。富有意义的变化发生在开放、诚实和支持性的关系中。随着他们的进步，这种变化促使参与者更深入地审视自己及其生活。他们能够打破内在的障碍，确定新的职业目标。获得的意义对女性而言在很多方面不同于男性。女性指出，她们的学业和职业变换填补了生活中的空虚，这一空虚是因孩子的缺失和由此导致的生活目标而造成的。研究中的女性与男性竞争时感觉到很自在。特殊的问题常常会随着家庭角色的变化以及新的压力的出现而显现。

8. 新经验的整合——变换者指出，这种变化积极地增强了他们从生活中获得他们所需东西的能力。很多人提到了对自我和生活目标的更深刻的认识，这种认识主要是通过新的教育机会和生活阅历获得的。许多变换者表达了他们在从事新职业时继续学习的渴望。（Miesel, 1991, pp.102-114）[转载已获得作者许可]

个体纹理描述：科潘对失眠的研究

科潘（Copen, 1993）通过对10名研究参与者（这些参与者求助于密歇根州东兰辛的一个睡眠障碍诊所）的长时间访谈调查了失眠的体验，从每一位研究参与者体验的主题和界定的视域出发构建了一份纹理描述。从每一位合作研究者逐字转录的访谈中，他形成了一份关于失眠体验的个体纹理描述。下面的选文，如吉姆所叙述的，呈现了失眠体验的本质和核心。我选择这个摘录是因为它唤起了人们对失眠期间所发生事情的清晰意象，那些拼命想睡觉却又无法睡着的人的想法、感受及挣扎。

关于吉姆失眠的纹理描述

对吉姆而言，失眠的体验是一种从最初的睡着到突然醒来的不安的波动。拼命地想入睡却是徒劳，他被"推醒"，被不眠所困。这种不眠是强有力的，充满着痛苦。"它就像接通电源，或者兴奋得……瞪大眼睛。"日益增长的疲劳变得和清醒一样令人窒息。睡眠无处可寻，只有这样一种"精神上和身体上同时疲倦，但绝对清醒的"体验。

睡眠时间成为一个主要担忧的问题。"我总是翻身看时钟。"

夜晚被体验为既漫长又短暂。"我认为清晨不是在遥远的将来。它总是太近了。漫长的是混乱和角力……试图去解决它……但清晨总是在你身边！"

清醒世界中的时间也是担心的事。没有充足的时间去做需要做的事情。时间总是在"不停地跑，没有安静的时间，也没有特别的时间停下来，进入感兴趣的模糊领域，四处闲逛"。

结果形成了糟糕的睡眠习惯，导致了一种不规律的睡眠计划。"我就开始睡得很晚……当你奔跑的时候，真的很难减速。"

每夜伴随失眠的是焦虑的感受、恐慌和令人烦恼的想法，尤其是不能入睡的想法。"我总是想着工作……个人事务……脑海里只是在不停地翻腾……来回翻腾，反复思考，难以释怀……我一直被困扰着。"

消极的想法和对可能的健康问题的担心使吉姆饱受折磨，令吉姆心烦意乱，并成为夜复一夜焦虑不安的后遗症。

在失眠过程中，不能入睡的后果急剧地凸显出来，"就像一个大城市地平线上的摩天大楼"。不眠之夜的记忆在第二天又被带回到意识之中，那是令他"难受的，感觉要疯掉的，感觉糟糕的，感觉精疲力竭的一天"。"它就像患了感冒……难受、消极、不舒服。"他的内心反复翻腾，敏锐地意识到，如果不睡觉，第二天"将会像地狱一样。你的身体大声呼喊着要睡眠，而你的大脑却是麻木的"。最终，随着日复一日的失眠，自信被严重损害了。"这太不敬了……这简直是浪费。就像每一件事都要消耗那么多精力，你不具有的精力，就像被消耗了一样……有点像濒临死亡。"

吉姆失眠的体验包括促成和解释他不能入睡之困境的四个核心的纹理主题：1）干扰睡眠的想法；2）干扰睡眠的感受；3）烦躁和焦虑的时间；4）失眠引起的令人不安的后果。

这种快速入睡随后突然醒来的不稳定的波动诱发了吉姆与自己的灾难性的斗争。他是"触电似的、兴奋的、睁大眼睛的"，同时又是疲惫的和完全清醒的。失眠的后果变得可怕，并产生令人不安的想法和感受，让人无法入睡。(Copen, 1993, pp.58-60)[转载已获得作者许可]

个体纹理描述：安斯图斯对被冷落的研究

安斯图斯（Aanstoos, 1987）从25名研究参与者那里获得了被冷落体验的生动描述，他们是三个不同班级的学生。下面是萨拉对被冷落的描述。下述的摘录简练却又有效地捕捉到了被冷落的感觉发生的情境、条件和关系。

萨拉对被冷落的描述

在一个阳光明媚的夏日午后，我的姐姐和她的男朋友一起从大学回到家里。那天晚上，她告诉我他们将在十一月份结婚。我回到自己的房间，那天夜里剩余的时间，我再也没有出来。我和姐姐的关系非常亲密。她总是宠着我。她比我大一岁。但是在周末剩下的时间里，她什么也没有跟我说。她没有跟我说话。就像我不在那儿似的。当她返回学校时，我感觉好像她并没有真正在家里待过——这就是一个噩梦。她每次回来的方式都是这样，直到婚礼的那一周。她周三回到家，在即将到来的周六婚礼之前。周五晚上彩排前情况变得更糟了。我感觉没有人关注我是否在那儿，所以我离开了，我很晚才回到家，然而他们还在开派对。上床睡觉时已经是半夜了。我很孤独，而房子里到处都是人。我姐姐对我视而不见。

（Aanstoos, 1987, p.154）

关于失眠的个体结构描述

科潘（Copen, 1993）构建了关于他的每一位合作研究者失眠体验的个体结构描述。

个体结构描述生动地描述了这种体验的潜在动力，描述了用以解释与失眠有关的感受和想法是"如何"被唤起的主题和特质，以及引发失眠的条件。科潘强调说："结构通过想象变更、反思与分析被纳入研究者的意识，超越显象，并进入体验的真正意义或本质中"（p.65）。吉姆为科潘提供了关于失眠体验的个体结构描述的资料，其中最重要的是自我与时间的关系，对时间的偏执延长了时间，并引起失眠者的焦虑与不安。

关于吉姆失眠的结构描述

渗透在吉姆失眠中并引起深深不安的想法和感受的结构，在吉姆与时间、他人、工作习惯和责任感的关系中得到表达。

关于自我与时间的关系，吉姆习惯于在醒着的时候和失眠的时候用活动来打发时间。失眠过程中的时间被体验为既漫长又短暂。他常常意识到，当他躺着陷入恐惧、强迫性的想法以及担心没有足够的睡眠时间来应对第二天时，时间过得非常慢。在那些时刻，吉姆痛苦地意识到，时间在飞快地流逝，清晨像火车一样向前冲。"它向你冲来……没有止境，你看着时钟，并意识到你把它拼起来的余地越来越小。"在吉姆清醒的时候，没有足够的时间对其意义进行内在的反思和认识。他将他的日子描述为"没有时间喘息"。

一般而言，吉姆白天忙于工作，晚上充满了焦躁不安和担心。在他当下可能的范围之内并没有闲暇或者空闲的时光。他意识到失眠以某种方式在他身上有一个据点[原文如此]，并且与他的工作习惯和责任感有关。当谈到他的失眠时，他大喊道，工作就是答案。"我真的认为工作就是这样。我认为工作基本上就是这样。"

对于吉姆，自我与他人的关系包含了需求。作为一家大型机构的社会工作者，他的工作量非常大。他努力为许多个体提供服务，但他们所需要的已经远远超过了他所能给予的。当他晚上回到家里，他的儿子以一种需要的方式拉扯着他。吉姆把回家描述为工作的"二次转移"。他感到很累，度过了辛劳的一天之后充满了沮丧，还有从前一天晚上的无法入睡中感到的精疲力竭。吉姆的家庭，他唯一的亲密关系，被他的责任感和对他们福祉的关心所束缚。

与工作相关的自我是一种向外投射的力量，吉姆将其描述为充满活动和忙碌的每一刻。他的睡眠时间充满了不安的想法和担心，非常像他的日常工作计划。无论白天还是晚上，他都没有独处的时间，或以他为生活中心的避难所，也没有空间去了解他内心的想法、感受和可能性。

吉姆的失眠是其存在的一种隐喻。一段长期焦躁不安的时间，一段缺乏自我反省或沉思的忧虑的时间。他的睡眠时间充满了妨碍其入睡的认知活动。吉姆经常将自己描述为精疲力竭的，"我只是一个筋疲力尽地做着社会工作的普通人"。

言下之意，吉姆迷失了。即使在失眠中，对他人的关心也是焦点。没有自我的呈现或存在。他已经忽略了自己的需要、欲求和愿望，以及他内心最深处的自我，并且与他自我更新和充实内心生活的潜能脱节。结果，失眠反映了他无力更新精神、心灵和身体的状况。(Copen, 1993, pp.65-67)[转载已获得作者许可]

巴克莱（Buckley, 1971）研究了居家（at-homeness）现象学。在他的研究中，他考察了搬家的各种情境，这些情境唤起了关于居家意义的感受和想法。巴克莱提供了关于这一体验的如下的个体结构描述。我认为它是一个理解潜在结构——这些结构解释了体验的本质——的独特案例。

关于居家的结构描述

居家的感觉很大一部分与来自熟悉情境中的满意和安全有关，也就是说，处于一种提前知道，并且很清楚地知道会发生什么的结构中，而且是以一种相对不受威胁的、舒适的方式知道这一点。这可能就是为什么与不舒适或者过度的压力体验相比，将在家视为某种"舒适"是很自然的——或者是在习惯、期待和接纳面前放松和休息的感觉。另一个更深层次和更有活力的方面是感觉到"我处于可以做回我自己的地方"。比如，我们很大程度上是在行为的层面上感觉到，没有必要向任何人解释我们的行为，或者没有必要提防他人的误解，比如，傍晚回到家很累，我"随意地"踢掉我的鞋子，平躺在客厅的中央，闭上眼睛。(Buckley, 1971, p.205)

综合纹理描述

从个体纹理描述的总体中形成综合纹理描述。每一位合作研究者的不变意义和主题都是在描述整个群体的体验中被研究的。

下面挑选了两个清晰、生动的综合纹理描述的案例来阐明综合纹理描述。

汉弗莱（Humphrey,1991）的综合纹理描述：追寻生命的意义

童年是一段天真无邪的时光。沉浸在家庭和宗教信仰体系中，尽管面临着内心的骚动和危机，我的研究参与者并未有意识地追寻生命的意义。他们一般会接受和服从于权威为他们的生活确立的意义和计划。

在童年或青春期的某些时候，每一位合作研究者都体验到一种不断增强的意识或者觉醒，不可置疑的信仰被动摇了。生命意义感的分化过程开始了。这些体验通常与害怕、困惑、震惊、孤独、醒悟、自责或自卑的情感同时发生。参与者感觉到孤立、离群或者疏远，不能找到或者不想找到任何人来分享他们的感受。

对某些人而言，在青春期，他们与外在——家庭或宗教——结构的某些重要关系发生了破裂。问题在不知不觉中酝酿了好多年，对特定权威或信仰体系的忠诚一直保留着，但不再有效，这对参与者来说突然变得清晰起来。他们体验到意义、自主和生命的新维度。压迫性的条件在面对新的洞见和自由时丧失了优势。"破裂"之前的普遍感受是愤怒、痛苦和怨恨，以及事件发生之后更大的个人自由和自我责任。

合作研究者在他们的成年生活中通常实现了他们已经接受的或为自己设立的最初目标，有时会体验到短暂的巅峰，却发现这

些并没有带来幸福感或满足感。事实上，成功之后的空虚感或失落感更清楚地表明，原初生活"计划"的承诺只不过是幻觉。

对很多参与者而言，在其青春期或者成年期，都会有非凡的事件，在此期间，他们对自身及其世界的感觉发生了重要变化。这些突破性的体验并不是有意追求的，而是作为一个更大或更深的维度出现在原本可能是一个普通或平常的事件中。这些体验共同的情感基调包括发现的兴奋，增强的意识觉醒，一种直观的认识和清晰、扩展或开放、快乐的感觉，一种自信和强大的感觉，并感觉到与生活深刻而有力的联系。

外在的影响因素，特别是心理治疗和药物，对许多参与者最初寻找意义的过程非常重要。作为年轻人或成年人，这些研究参与者诉说了他们在开始治疗时感觉到的消沉或所处的危机，然后，随着治疗工作的进展，他们感觉到更脆弱、更清醒和更开放。药物，尤其是迷幻药，在20世纪60年代末和70年初的药物试验年代，作为早期阶段追寻意义的一种催化剂被一些参与者使用，这提供了一种崭新、神秘或者新颖的视角，包括自我、观念和信仰体系的消解和无序。现在没有一个参与者使用药物，并且很少使用酒精或烟草，他们更喜欢用更安全的方法来深化意识和提升意识。

对于其他的参与者，他们开放性的产生是由于可能突然发生的或者随时间推移而形成的危机。不像高峰体验，危机常常伴随着显著的情感上或者身体上的痛苦，有时是悲伤、愤怒或沮丧、震惊、迷惘、绝望、力不从心、孤独或者深深质疑的痛苦感受。

大多数参与者的情感表达被描述为意义寻求所固有的，从与他人或生活的隔离或分离到感觉到内在和（或）外在的联系。孤独、疏远、不适应、离群和与众不同都是参与者在描述他们生活中感到疏离和孤立的时光时经常表达的感受。另一方面，合作研究者也在找寻和孤独中发现了喜悦和掌控感。相比之下，喜悦、活力以及统一或集中的感觉连同生活相关联的感受一起被提及。

参与者提到他们的寻找中有一种阴暗面，面对存在的虚无时的害怕或恐惧，在某些情况下是由死亡或者重大的世界问题引起的。有时，时间和生命飞逝的意识产生了强烈的害怕或恐惧的感受。绝望、无助、失望和无意义的感受也被提及。可能是宇宙本质上的混乱和无意义产生了空虚、迷惘或者不知所措的感觉，一种几乎不可忍受的黑暗。这种对存在的虚无的强烈恐惧也许有助于解释，为什么有些参与者怀疑他们不愿质疑自己现有的信仰体系。

通常在追寻意义的过程中，发现的形式是"就是它！"——从几分钟持续到好几天。与这种状态相关的感受包括确定感、充实感、喜悦感、平静感，以及一种万事皆完美或合适的感受。

对于很多参与者而言，在他们寻求意义的过程中，有时会实现一种内心深处的平静感和连通感。他们对体验的描述是强有力的，充满了敬畏和惊奇。

研究参与者通常描述感受的范围从兴奋到激情的各种感觉……他们通常会承认，自己不能明确地表达出有限的意义，但是在寻求他们认为有意义的事物时，会体验到一种清晰或确定的感觉。很多参与者将他们对意义的追寻与他们的一种生活的使命感联系在一起。受到意义寻求以及所发现的东西的启发，他们将意义的寻求描述为鼓舞人心的、令人兴奋的和持续进行的。（Humphrey, 1991, pp.124-129）[转载已获得作者许可]

第二个综合纹理描述的例证节选自尤德（Yoder, 1990）对愧疚的研究。愧疚最显著的特征是与自我的关系，一个分裂的自我，与怀疑、自暴自弃和陌生世界中的生活作斗争。

尤德关于愧疚感的综合纹理描述

愧疚的体验被认为是一种强烈的、弥漫的事实。其他的一切在对比中都黯然失色。愧疚感直接割断了个人与他人世界的联系。也许最明显的要素就是感觉到与自我的分裂。

世界，对于体验愧疚情感的人而言，是一个陌生的世界——一个处于不确定状态的存在，虚幻和朦胧的形态依稀可见。痛苦是最重要的事实。沉浸在愧疚当中的人会经历生活的种种活动，但这些活动和行动都是不假思索的、机械的，就像一个机器人。

日常世界中的居民都是陌生人，他们在愧疚的世界中没有自己的位置。与他人交谈是无济于事的，因为他们不懂。批判和判断的风险永远存在。当人感觉到愧疚时，就会努力对外在世界隐藏这种情感，尤其是当他预期会受到谴责时。

愧疚感最痛苦的方面与自我相关。当感觉愧疚时，个人体验到异化。他或她站在一边，带着厌恶和蔑视，将自我视为他者。同时清楚地意识到，正在观察的自我也就是这个被审视的自我。这往往会导致自暴自弃和自我憎恨。在愧疚感中，人们会惩罚自己，有时是非常严厉的。自我知觉在愧疚感的体验中改变了。积极的方面被认为是真实的、没有实质内容的。自信退化为不安，魅力退化为丑陋，能力退化为不足。

同时，认为他或她自己基本上是善的，一个好人。这就产生了困惑、混乱、自我怀疑。"我怎么能那样做呢？"这个人并非他或她想成为的那个人。自我标准和判断降低了。

愧疚感是无法逃避的。它们是强迫性的。尽管个人强烈意识到，导致愧疚的行为是无法挽回的，但是令人痛苦的"假如……将会……"的想法还是折磨着参与者。当在自我与他者之间，或者在一种可能的做法与另一种之间做出一种选择的话，人们同样会意识到没有哪个选择是可行的，因为愧疚感是不可避免的。

愧疚感体验的一个主要部分是相信，个人有能力和力量做出选择和决策并因此对结果负责。与此相关的是掌控的欲望。在逃避痛苦的渴望与相信自己有能力以一种新方式行动的欲求之间进行着激烈的斗争。个体开始不断地质问自我，就像电脑试图去找到一个无法回答的问题的答案。

其他痛苦的感受也被体验到。愧疚感削减了幸福感，将其转变为羞愧、恐惧、焦虑，以及伤心欲绝的失落感。世界分崩离析。这个人充满着愤怒，并且这种愤怒直接针对自我。

身体的感受是强烈的和多变的。在某些情况下，身体被体验为陌生的……这种愧疚感被形容为心里紧张得忐忑不安、肠子打结。它是火热的、灼热的、强烈的和猛烈的。这个人满脸通红。喉咙常常会发紧，呼吸急促。很容易落泪。

有时，内疚的回忆突然又回来了，猛然一震。其他时候，它们是缓慢地、费力地、慢吞吞地出现的。愧疚感汹涌而来，沉甸甸地、不断地压在心存愧疚的人身上。(Yoder, 1990, pp.102-105)[转载已获得作者许可]

综合结构描述

现象学分析的下一步是运用想象变更。研究者根据每一位研究参与者的综合纹理描述，运用想象变更，构建一份代表合作研究者整个群体的综合结构描述。

综合结构描述是理解合作研究者群体如何体验他们所体验之物的一种方法。

我从现象学研究中挑选了两个案例来阐明综合结构描述。费舍尔和沃茨（Fischer and Wertz, 1979）的报告描绘了生活描述当中的主题和本质，使人们能够从受害者的内在知觉和意象（images）的角度了解犯罪受害的意义。

综合结构描述：费舍尔和沃茨关于犯罪受害者的研究

在一份对犯罪受害人的经验现象学分析的报告中，费舍尔和沃茨（Fischer & Wertz, 1979）呈现了下述关于这一体验的综合结构描述：

沦为犯罪受害者是对日常生活的一种破坏。它之所以是一种破坏，就在于它强迫一个人，尽管抗拒，去面对作为侵害者的同伴以及作为受害者的自己，即使一直都在预期后果、计划、行动和寻求他人的帮助。这些努力都是徒劳的，人们在冷酷无情、麻木不仁、常常是匿名的敌人面前体验到脆弱、孤立和无助。震惊和怀疑让位于困惑、冷漠，然后是一种认为犯罪是反常的、不公平的、不应承受的感觉。无论是否直接表达，受害者都会体验到一种普遍的内心抗拒、气愤或愤怒，准备报复，对侵犯者采取报复行动。

随着生活的继续，受害者发现他（她）自己已普遍适应于受侵害的可能性——通过一种持续的能动性削弱的感觉，认为对方是掠夺性的，认为社区支持不足。更为特别的是，人们持续地生活在受侵害的阴影中——通过对犯罪活动的回忆，对更糟糕后果的想象，对他人警觉的猜疑，对骚乱与犯罪新闻的敏感，对司法系统机构的批判，以及弄清楚所有事情的渴望。

但是，这些关于脆弱的提醒同时也是一种恢复独立、安全、信任、秩序和理智的努力。一个人开始未雨绸缪地采取预防犯罪的措施，通常是通过限制一个人活动的范围以免再次沦为受害者来重新掌控局面。在这一过程中，受害者试图去弄明白的不仅有罪犯是何以得逞的以及怎样能够再次做出如此的事情，还有他或她（受害者）如何促成了罪犯的行为。而且，我们从一个人断断续续的复仇准备中可以瞥见一个人实施极端暴力的可能性。因此，受害者面临着社会存在的矛盾性和模糊性：我们所共有的可逆转的可能性，比如作为主体或客体、相同或差异、自律者或破坏者，侵害者或受害者。一个人可能会因为此遭遇而转向一种对个体责任更加谨慎的态度。

无论如何，这个人对受害的那样一种整合的努力是不充分的。环境肯定会随着时间的推移证明，受害者的极端警觉不再是必要的。其他人必须以关心和尊重受害者全部困境——包括他或她对意义构建付出的努力——的方式做出回应。所有这三个要素不仅对恢复一个人以前的生活是必要的，而且对发展一种充分的责任意识、互惠意识，以及共同体意识也是必要的。但是没有一个要素是绝对得到保证的。它们之中任何一个要素的缺失都会导致孤立、绝望、痛苦，以及顺从的伤害的加深。(Fischer & Wertz, 1979, p.149)

综合结构描述：安斯图斯对被冷落的研究

关于综合结构描述的另一个案例借用了安斯图斯（Aanstoos，

1987）对被冷落体验的研究。这里对生活体验的普遍特征和动力机制进行了鲜活、生动、明确的描述。

　　被冷落的体验会引发一种强烈的、不安的和痛苦的情感波澜。以前认为理所当然的我们对于他人的意义，以及他人对于我们的意义，都与过去熟悉的锚点割裂开来，现在变得非常可疑。自我与他人关系的顺畅互惠被打破了，我们面临着一种令人不安的消极情绪。这种消极情绪表现为我们自己与他人之间展开的相互认可的织锦中的一条裂缝。这种裂缝也许是一条裂隙或者一道鸿沟，但是它揭露了我们与他人关系的一种根本破裂。

　　我们变得习惯于这样一种破裂，特别是在那些我们很可能体验到孤立的高度脆弱性的情境中，作为一种虚拟的可能性，以及随之而来的需要确保我们对于他人而言确实很重要。本质上而言，这些场合中有某种社交聚会，正式的或非正式的：聚在一起，一种使彼此关心的人们之间的纽带成为主题的聚会。但是我们自己在这个人际圈子中的位置是不明确的、模糊的，它需要另一个人的明确邀请。我们战栗地望着对方，但是我们的诉求却被忽视了，甚至没有被注意到。我们非但没有找到我们所寻求的相互关系，相反却惊恐地发现，我们对他人而言、对那些我们看来重要的人而言，以及对那些我们渴望得到他们的关怀的人而言都是不可见的。这样，以前折磨人的孤立的可能性被证明是在所难免的，它之前的虚拟性现在变成了一种强烈的现实。我们发现我们自己被排除在相互认可和接受的圈子之外（Aanstoes, 1987, p.141）。

纹理—结构的综合

我的现象学模式的最后一步需要对综合纹理描述和综合结构描述进行一种整合，从而提供一种关于体验的意义和本质的综合。

我选择了三个例子：尤德（Yoder, 1990）对愧疚的研究，罗德斯（Rhodes, 1987）对女性从依赖到自主的运动的描述，以及帕莱恩（Palaian, 1993）对渴望体验的综合。

愧疚的综合：尤德

尤德（Yoder, 1990）对她的合作研究者愧疚体验的综合纹理描述和综合结构描述的分析，把纹理和结构编织在一起，并将这些特质和主题组织为群体的或普遍的愧疚的本质。

愧疚感是一个人内心强烈不安的征兆。它们的到来就像电掣风驰的暴风雨一样。"它感觉就像雾、寒风、漆黑的街道、令人不适的事物。天空中密布的乌云，偶然闪现的闪电，寒冷的天气中空旷的海滩，来自海水的一阵寒风。"

愧疚感包围着我们。它们是一种没有出路的监禁。"当你真的感觉到愧疚时，你会感觉到被封闭起来。你感觉到局促不安、幽闭恐惧、限制、局限，围困。"

愧疚感既锋利又尖锐。它就像"铤而走险"，一把"刀"，一种像手术切口一样剧烈的疼痛。愧疚感是迅速的。"我想到了闪电，因为它是一种猛击。"

愧疚感是"一种沉重的负担"，它们被体验为一种"重创"。愧疚感推动、消除，引起退缩，一种预丧的极其沉重的感受。它如潮水般涌来。"这种强烈的推动把我颠簸回来。""我要沉下去了。它就像一块重物压在我的身上。"

愧疚感就像是"待在一个空壳里"，一个"陌生人世界"中的隐性主体。愧疚感让人漂浮到太空中，时间在那里是无止境的，与他人的联系是断裂的和封闭的。没有修复、更新、归属的希望，甚至认出真实自我的机会也没有。

愧疚感的体验是一种被强制性地从日常生活的流动中，从普通人的分享和热情当中分离出来的体验。当我们感到愧疚时，我们被抛进了一个痛苦的、冰冻的、注重内心的世界，它接受自我并创造了一个属于它自己的真实。愧疚的情感切断了我们与日常事物、其他人以及我们自身相互关联的感觉。在愧疚感的体验当中，时间停滞不前。一切出口都关闭了。我们被隔绝开来，陷入我们自己的内心之中。

在愧疚感中，自尊遭到毁坏，一种身体丑陋的意识常常被唤醒。真实的情感被隐藏起来。以伪装的方式展现自身来取悦他人。在每一天和最后的时刻，"这个真实的我总是不够好。永远如此"。

时间被体验为越来越慢的，不可改变的。钟表的时间失去了控制。一切都在搅动，然后冻结起来。只有愧疚结晶的时刻依然持续着。过去一遍又一遍地重复着，无休止地循环着，是一部重复着自身的电影，没有任何真正的改变或者实现。

在愧疚感中，与身体的关系也会受到影响。身体变得疏远，行动就像一个机器人。它在痛苦中，渴望以某种方式行动，但同时又害怕任何将会再次唤起愧疚场景的行为。

尽管充满着痛苦的感觉，以及无助的没完没了的愧疚感，在自我之中仍然存在着恢复自我，以及重获生活和谐感觉的可能性。你可能向愧疚妥协，接纳它，与他人分享它，并且在这种接纳中找到一种通往平静的方法。你所需要的是迈出第一步的勇气，冒着轻蔑判断的风险和承认自己局限性的痛苦。没有人能够保证，如果一个人直率真诚地表达愧疚，认识到自我的脆弱性和局限性，愧疚感就会被永久消除，但是对于我的一些合作研究者而言，这种接纳和分享能够使他们悔过自身，重新建立起内心的安宁。（Yoder, 1990, pp.111-114)[转载已获得作者许可]

关于女性运动的综合

从依赖到自主：罗德斯

罗德斯（Rhodes, 1987）在其关于从依赖到自主的女性运动的综合中，生动地呈现了纹理的及结构的意义。她描述了三个关键转折点所面临的挑战——依赖于他人的优先权，重构自我与他人关系，找到一种自我选择的活动以及生活和交往方式的新路径。改变的过程在女性转变的故事中——从被重要他人的引导、支配和控制转向在自身中探索和发现存在的方向和方式——得到突出和强调。

亲密关系中从依赖到自主的女性运动，在三个关键转折期当中的每一个时期都具有独特的征兆。在依赖阶段尤为重要的是女性的自我意识。在一定程度上，它是由其配偶的优先地位决定的（在一个包括文化和婚姻制度在内的更大的整体当中被体验为低人一等）。女性的身份成为其丈夫身份的附庸。

此项研究中的女性在婚姻开始时认为，她们被期待照顾家庭、孩子和她们的丈夫。反过来，她们会得到配偶经济上的支持，以及情感和性方面的回报。她们的自尊是通过丈夫的成功而间接体会到的。将自我融入到男人和家庭中是常见的适应，尽管具体情况有所不同。

在亲密关系的初期，我研究的女性，无一例外，依赖的模式——包括权力从父母转移给配偶——都是根深蒂固的。这种转移包括选择、决策、偏好，以及对事物本身及其意义的理解。第一个转折点随着依赖性的瓦解而发生，意识到自我被困住、被压抑、被束缚和被否定——这是在迈向自主运动中摆脱依赖的一个机会。运动阶段的特征是，通过扩展家庭之外的活动，女性发现了与自身利益和欲求相关的活动，要求空间和时间来追求个人成长，比如阶层和工作。最终的转折点涉及进入到自主阶段。这一转折点的标志是自尊和自信的增强，决心成为一个有权利的人，发现工作的意义和价值。

依赖

本质上，四个核心主题描述了依赖阶段的特征。下面简要阐述每一个主题。

参与者发现生活是受限的和平庸的，尽管最初被视为一件令人愉快的事。她们在一种充满着安全感的生活中"玩过家家"玩得很开心。通过和配偶一起沉溺于她们梦想的角色，她们获得了她们社会化所需要和想要的东西。

研究参与者梦想成为一个完美的妻子和母亲。这种实现梦想和被照顾的渴望通过与一个男人的结合而获得。就像空空的容器等待着被装满，女性体会不到真正的"自我"意识。通过她们不自觉地顺从于文化的安排，女性准备屈从迎合关于完美妻子和母亲的不可能的梦想。

2.自我的模糊[1]：依赖阶段充斥着害羞、自我意识、自卑感和无助感。害怕暴露在对妻子、家庭主妇和（或）母亲的不完美的评判中，一般而言，低自尊使这些女性待在家里，远离评判世界的目光。矛盾的是，尽管只有一种模糊的自我意识，批判的自我意识总是与女性形影不离。受到她们自己以及他人的监控，我的参与者很少体会到一种自由或自发的感觉，无论是言语上的还是身体上的。她们受到阻碍和压制，对于个人成长只有有限的选择。她们常常对自己和生活感到沮丧和愤怒。

融入其中的自我在她们自己的眼光和世俗的眼光之间提供了一层防护罩。她们害怕说出自己的想法或者追求自己想要的东西，她们不知为何会相信能实现作为妻子和母亲的理想。

她们不能独立思考，所以思考具有回声室的特性，各种想法回响着，无处可去或者咔嗒咔嗒地回到她们身边，无力而乏味，带有一点点被男权婚姻和世界贬低和否定的痛苦。

3.个人和经济权力的放弃：我的合作研究者们把她们的自我发展抵押给了她们的一份梦想。婚姻给她们带来一种愿望满足和自尊的假象，因为她们证明，她们可以得到自己的男人，实现自己所期望的目标，但是她们对自己职业和经济来源的放弃使她们丧失了一种真正的自尊感。

尽管步入梦想是靠将她们自身依附于一个男人来实现的，但是个人和经济权力的放弃关闭了所有的选择，生活的空间受到限制，变得狭小。对个人和经济权力的放弃迫使我的参与者处于一种为了钱而哄骗和有意识地被操纵的地位，同时体验到异化和无力的感觉。

1　原书此处没有"1."，推测主题"2.自我的模糊"之上的两段即为第一个主题的内容。——译者注

4.性对象：性与自我之间并没有联系。1984年，一位辛迪加咨询专栏作家在报道中说，近八万名女性中约有百分之七十的人对性行为问题的回应表明，女性宁愿不要性爱，而只要拥抱和其他形式的爱就够了。尽管它并不是一个科学有效的样本，但受访女性的观点与我的合作研究者的观点是相似的。我的研究参与者在依赖阶段对她们的身体表现并不满意。她们缺乏经验，感到难为情。性起初是令人恐惧的，最终变得可怕，因为女性通常是被迫参与的。性要么是一个问题，要么是由丈夫的性冲动产生的。她们通常倾向于回避性行为，一些人将任何形式的触觉刺激（包括接吻）体验为令人恶心的。

我研究中的女性并没有体验到她们自己是共同性行为的参与者，而是感觉到侵犯和哄骗，常常变得"性冷淡"。这些女性几乎天天都在考虑如何处理性，不是从她们自己的欲望或快乐的角度，而是在想象避免性接触的策略。然而，她们感到困扰的是，如果她们剥夺了男人的性侵犯和性释放，冲突就会接踵而来。

受到孩子、丈夫、经济依赖和缺乏训练的限制，以及自卑感的阻碍，这些女性体验的本质是缺乏行动或改变的能力。我的合作研究者们，让生活受到他人的控制和引导，感到自卑、无助、困惑，害怕改变，就像僵尸一样，陷入令人窒息的、悬空固定的支配之中。就像囚犯一样，她们几乎不能支配自己生活的内容和方向。

运动

我研究中的女性开始在恐惧和沮丧中艰难地跋涉。她们渴望生活中有一些与众不同的东西，寻找一些不知道是什么的东西，她们陷入了沮丧。有些人实际上陷入了的停滞状态；其他人还在挣扎直到惯性的重量和痛苦变得无法忍受为止。最终，对于所有的参与者，运动开始了。依赖不再是渴望的途径。

运动的本质是在一种亲密的关系中寻求自我和重新定位。关系的改变要么需要身体上的分离，要么需要将已知关系重新建立在一个不同的水平上。在既紧张又放松的关系中，寻求和改变的过程涉及考验，也有感觉到的害怕、勇敢、糊涂、迷惑、困惑和冲突。新的角色很难获得，尽管如此，这项研究中的女性依然奋勇向前，反对社会约束以及那些生活之中的限制。

据我的参与者所言，女性文化角色的束缚开始随着女性运动——探索并澄清了女性生活——而开始松动。到目前为止，她们不敢让自己承认那些她们已知的东西，她们发现这个信息富有启发性。它鼓励自由和试验。既然，我们只能知道那些存在于我们意识中的东西，并从那些备选方案中做出选择，那么我的参与者受到了女性运动哲学的强烈影响。所有的合作研究者都指出，她们受到女性运动的积极触动。它给予她们一些如何生活的具体想法，并提供了一些备选方案。

我的参与者开始寻找，努力去发现内在的东西，瞥见内在的深度，理解难以捉摸的自我，把握基于自我利益、欲望以及选择的生活的可能性。下面呈现的主题都是每一次运动的关键维度。

1.**自我的浮现**："自我"作为女性角色榜样的一种人格化，其纠结的、狭隘的、受限的体验随着参与者允许她们思想的显露、被探究以及意识和选择的引导而开始改变。最初，他们否认角色之外的想法和感受，将其视为对生活的一种众所周知的威胁，无论不安还是不适或者苦恼、沮丧或痛苦。倾听过去的声音，继续扮演妻子和母亲的角色，要比努力争取一个不同的将来容易得多。

随着这些情感的转变，这些女性开始接触他人，开始一种家庭之外的个人生活。她们马上认识到，改变是必要的，选择是可行的。为了自我被认可的合法化，一种根本的寻求被激活，寻求女性自己的偏好和乐趣。一种扩展的生活现在成了我的参与者的目标。

对自我以及人际关系中不同事物的渴望是深切的。生活中的神秘承诺几乎是具体的。她们感觉很矛盾，想要某物又不能明确地说出来它是什么，只知道迫切需要改变，她们在坚强与脆弱之间，在自信与困惑和害怕之间摇摆不定。

2.从依赖中分离：从与配偶的共生关系中分离，我的参与者迈出了走向独立的第一步。丈夫被视为有意或无意地阻挠她们追求真实的"自我"……在每个案例中，女性感到受限制，努力去发现她们自身的自由和力量。对一些参与者而言，激烈的争吵和争论成为家常便饭。面对着另一半，她们带着坚定的决心向发现她们自己想要的和需要的东西迈进。回想起来，关系改变的发生就像慢镜头中的时间研究。那些看似一时冲动的变化需要很多年才能实现。

对于该项研究中的女性，分离是发现"自我"和变得自主的基本要素。寻找"自我"当中的主要挑战是争取独立。一个独立的人的基本行动在于揭穿一个虚假的身份。

3.运动行为：在转向内心探索和寻找答案时，研究中的女性开始了转变的过程，开始考验自己。在她们的内在寻求当中，女性找到了开始上学、返回校园或者就业的信心和力量。她们采取行动，而不是遵循她们以前的反应风格。在三个案例中，配偶的死亡提供了行动的动力。家族企业必须做出决定，然后这三位女性便接管了公司。

通过尝试做决定和明确自己的计划，参与者慢慢地开始相信自己。她们摆脱依赖性的限制，通过决策和坚持来控制生活的一部分。有一些不成功的开始，比如学了一门课后又放弃了，应聘工作却没有坚持到底，或者工作开始没多久就辞职了。然而，这些经历似乎有助于女性试探性地伸展，稍微超前于自己，然后又被拉了回来，她们对自己的尝试感到满意，对不能坚持到底感到不满。暂时的挫折强化了她们不能再次使自己失望的渴望。

家庭之外的活动让参与者感到更有活力，但是对于一些女性而言，迈出家门会面临危险。一名参与者被完成学业的可能性以及为准备进入世界而表现出的焦虑吓坏了，于是她以身体不健康为理由，谋求安全，暂时关闭了企业。

脱离依赖生活的运动通常是胆怯地进行的。慢慢地，自我强加的限制被解除了，对自我的探索"开启了新的可能性和方向"。

自主

无论是在求学还是在工作中，参与者都在寻找有意义的方向。她们几乎不清楚什么样的工作可以提升自己或者到哪里去找到这些工作。尽管如此，一旦一份职业被确定，参与者就会竭尽全力。通过负责和敬业，在内在的愉悦和掌控的体验中发现日益增长的价值，她们发现人际关系发生了戏剧性的变化。此外，通过体验她们的一种在世存在的快乐，参与者可以让自己变得真实，并开始拥有一种充分的自我体验。

当研究中的女性慢慢获得了动力并开始一段新的经历，通过自我的渴望和决定来生活时，仍然需要摆脱束缚，有时沉湎于过去，女性看到希望和承诺的光芒照亮了这条新的道路，这种探求是成功的，情感却是脆弱的。

当参与者走向新的存在方式时，内在的和社会的限制慢慢地消失了。永远不能克服所有的障碍，女性发现依赖线继续交织到自主的生活当中。

我的研究参与者对自主性是如何产生的感到很困惑，但不知怎的，她们闯进了一种自主的生活方式，环顾四周，像多萝西发现了奥兹国的魔法师（the Wizard of Oz）[1]一样惊奇。这种精神上的模糊，这种早期的防御风格从角落里逼近生活，从不直面问题，有时又回来了。独立生活的震撼起初让她们害怕。她们感到困惑、头昏目眩，但是非常高兴；她们在身体上是自主的，但是"精神上还没有发挥作用"。我的参与者感觉到越来越自由，并掌控了"自我"，在不断扩大的空间中，及时体验到一种胜任感和自信。（Rhodes，1987，pp.119-128）[转载已获得作者许可]

渴望的综合：帕莱恩

从"渴望体验"的综合纹理以及综合结构的描述中，帕莱恩（Palaian，1993）通过对"渴望"的特质、意义和本质的综合形成了纹理和结构的统一。在帕莱恩对体验的描述中，渴望不再被掩饰和隐藏，而是得到了清楚的阐明。

渴望体验是一种矛盾的体验，它让体验者陷入困境，左右为难，进退维谷。渴望使自身陷入僵局。一个人在信任和希望中跨越广阔的空间努力向自我实现迈进。在这种努力前行中，体验到痛苦与迷惘，以及对满足的迫切渴望。

1　"the Wizard of Oz" 直译为 "奥兹国的魔法师"，国内一般翻译为 "绿野仙踪"。《绿野仙踪》是美国儿童文学作家莱曼·弗兰克·鲍姆（L.Frank Baum）的代表作，其故事梗概是：小女孩多萝西被龙卷风刮到了一个奇异陌生的地方，为了返回家乡，她开始了前往奥兹国的一段奇幻的旅程，在旅程中她结识了稻草人、铁皮伐木工和胆小的狮子三个好朋友，他们互相帮助，共渡难关，最后多萝西依靠魔法的力量成功回到家乡。1939 年，米高梅电影公司将《绿野仙踪》搬上荧屏，成为影史经典。——译者注

渴望是对无法实现、不可能的忧伤。它是朝向可能性和无限狂喜的希望。绝望和希望在渴望中、死与生、生与死的节奏中共存。前进的道路是那么宽广，以至于人们看不到另一边，必须相信并合理地认为"一定有某种事物向前运动"。但是这种运动也是向后的、后退的，用于愈合分离和孤独的创伤。

那里什么也没有，但有一些感觉到的东西，一种渴望的体验者不记得的存在。它们故意伸出援手，带着一种朝向希望来宣泄痛苦的意图。它们引起了生活当中的痛苦、沮丧、苦闷。渴望位于昨天的失落、分离的伤痛以及创造明天的喜悦的之间。

渴望令人极度痛苦，而且它依然在继续；仍然有渴求和渴望从内心产生。它是生命原始的脉搏，是对一个人曾经是谁的原初记忆。它召唤着体验者，吸引他们越来越接近意义、自我实现、联系及自我。

渴望追求自由、空间、时间和自我。在满足和贪得无厌的追求之间有一种节奏，有一种微妙的平衡。种子已经种下，承诺已经做出，朝圣之旅即将启程。

体验者必须穿越整个陆地，寻求他们已经所是与他们可能所是之间的桥梁。他们经受跨越他们是谁与想象他们可能是谁之间的差异的阵痛。这种渴望运动锻造了内心无限的想象，充实了人世间的联系。

渴望对于它的体验者而言是一种完全的神秘。它是痛苦也是快乐。它是内在的也是外在的。它是永恒的也是当下的，然而，它在很多方面变化得如此迅速、频繁。

渴望是狡猾的、难以捉摸的、迅速的，就像穿越森林受到惊吓的小鹿。人们不确定它是否会永远离开，还期待着它回来。

渴望体验是一种对深入联系的渴望。无数的关联对象都是人性的独特表达。就像指纹一样，它们揭露了每一个人内在自我的整个世界。它们揭示了个人欲望的星座，以及充满可能性、整体性、完满、爱的独特旅程。

渴望运动得如此安静，又如此迅速地寻找着它本身，自由地嬉戏喧闹，勇敢地蹦跳。渴望就是燃料，使内心的火焰熊熊燃烧。它唤起了熊熊燃烧的热情，永远在召唤。

渴望是一种救赎的行为。它最终是为了使生活再次变得美好，再次产生意义，再次唤醒生活。它是从荒凉的烧焦的土地上长出的苍白半透明的、绿色的嫩芽。它是从遭到破坏的空地上发芽的幼苗。

渴望是生活自身对自身的召唤。它以湖泊和海洋的溪流和支流以及活跃其中的水为象征。它也是一场雷雨，或者一种雾蒙蒙的晨露，被毛细血管吸收的水分。

渴望体验会再生。它引导、说服，以及劝诱人去建立联系，去追求渴望的东西，去召唤存在和仁爱。渴望怂恿、鼓励、创造向前的运动。渴望是新的生活，与生活相连、与生命的律动相连。

渴望的体验指向不可见的、难以形容的神秘，它在世界之中但又超越它。渴望强烈而清晰地扎根于此时此地，它是一种对属于自我和他者的永恒、纯粹和完美的向往。（Palaian，1993，pp.92-95）[转载已获得作者许可]

在结束本章时，我建议读者去看看附录C，它呈现了一份详细的先验现象学模式（悬置、现象学还原、想象变更，以及纹理和结构的综合）的提纲式摘要，以及资料收集前的准备、资料收集和分析的方法和步骤，以及在总结一个先验现象学研究项目时可能要考虑的影响和结果。

参考文献

Aanstoos, C. M. (1987). A descriptive phenomenology of the experience of being left out. In F. J. van Zuuren, F. J. Wertz, & B. Mook (Eds.), *Advances in qualitative psychology: Themes and variations* (pp.137-155). Berwyn, PA: Swets North America.

Buckley, F. M. (1971). An approach to a phenomenology of at-homeness. In A. Giorgi, W. F. Fischer, & R. Von Eckartsberg (Eds.), *Duquesne studies in phenomenological psychology* (Vol. 1, pp.198-211). Pittsburgh: Duquesne University Press.

Colaizzi, P. R. (1973). *Reflection and research in psychology*. Dubuque, IA: Kendall/ Hunt.

Copen, R. (1993). Insomnia: A phenomenological investigation. (Doctoral dissertation, The Union Institute,1992). *Dissertation Abstracts International*, 53, 6542B.

de Koning, A. J. J. (1979). The qualitative method of research in the phenomenology of suspicion. In A. Giorgi, R. Knowles, & D. L. Smith (Eds.), *Duquesne studies in phenomenological psychology* (Vol.3, pp.122-134). Pittsburgh: Duquesne University Press.

Fischer, C. T., & Wertz, F. J. (1979). Empirical phenomenological analyses of being criminally victimized. In A. Giorgi, R. Knowles, & D. L.Smith (Eds.), *Duquesne studies in phenomenological psychology* (Vol. 3, pp. 135-158). Pittsburgh: Duquesne University Press.

Fraelich, C. B. (1989). A phenomenological investigation of the psychotherapist's experience of presence. (Doctoral dissertation, The Union Institute, 1988). *Dissertation Abstracts International*, 50, 1643B.

Humphrey, E. (1991). Searching for life's meaning: A phenomenological and heuristic exploration of the experience of searching for meaning in life. (Doctoral dissertation, The Union Institute, 1992). *Dissertation Abstracts International*, 51. 4051B.

Keen, E. (1975). *Doing research phenomenologically*. Unpublished manuscript, Bucknell University, Lewisburg, PA.

Miesel, J. A. (1991). A phenomenological exploration of the experience of voluntarily changing one's career during midlife. (Doctoral dissertation, The Union Institute, 1991). *Dissertation Abstracts International*, 52. 5542B.

Palaian, S. (1993).The experience of longing: A phenomenological investigation.

(Doctoral dissertation, The Union Institute. 1993). *Dissertation Abstracts International*, 54, 1678B.

Palmieri, C. (1990). The experience of adults abused as children. (Doctoral dissertation, The Union Institute, 1990). *Dissertation Abstracts International*, 51, 2631B.

Rhodes, C. (1987). Women in transition:From dependency to autonomy A study in self development. (Doctoral dissertation,The Union Graduate School, 1986). *Dissertation Abstracts International*, 48, 572B.

Stevick, E. L.(1971). An empirical investigation of the experience of anger. In A. Giorgi, W. Fisher, & R. Von Eckartsberg (Eds.), *Duquesne studies in phenomenological psychology* (Vol.1, pp.132-148). Pittsburgh: Duquesne University Press.

Trumbull, M. (1993). The experience of undergoing coronary artery bypass surgery: A phenomenological investigation. (Doctoral dissertation, The Union Institute, 1993). *Dissertation Abstracts International*, 54, 1115B.

van Kaam, A. (1959). Phenomenal analysis: Exemplified by a study of the experience of "really feeling understood." *Journal of Individual Psychology*, 15(1), 66-72.

van Kaam, A. (1966). Application of the phenomenological method. In A.van Kaam, *Existential foundations of psychology*. Lanham, MD: University Press of America.

Yoder, P. (1990). Guilt, the feeling and the force: A phenomenological study of the experience of feeling guilty. (Doctoral dissertation, The Union Institute, 1989). *Dissertation Abstracts International*, 50, 5341B.

总结、影响和结果：一项现象学分析

接下来，资料的整理、呈现和分析来自一项现象学研究，研究者全面总结了这一研究，并考虑了可能的局限性。研究者返回到文献综述，将她（他）的研究发现与前人的研究区分开来，概述了能够增进该主题认识的未来研究计划，并讨论了调查结果的社会意义和影响，以及个人的和专业的价值。现象学研究的每一个结束阶段都可以从不同的现象学研究项目中——我在这些项目中担任指导教师和评审专家——得到说明。本章结束部分包含了一份完整的形成现象学研究手稿的大纲。

整个研究的总结

施密特对阴影原型的研究

施密特（Schmidt, 1992）研究了人们如何知觉和描述他们对荣格阴影原型的体验。从长时间对合作研究者的访谈中，他能够确定阴影体验的特性、主题、意义和本质。我挑选了施密特的报告，作为研究者形成整个研究项目总结的一个非常好的案例。在总结中，施密特描述了促使其研究阴影原型的个人的和专业的因素。他简要地指出了与其研究最直接相关的前人研究。他概述了引导其研究的先验现象学设计和方法论，呈现了他的研究发现，讨论了从他对资料的分析中产生的影响和结果。

先验现象学研究总结部分的形成是一项重要的挑战。它提供了关于整个研究的一种摘要，在简短的材料中使其他研究者能够确定，该研究与他们自己的研究追求的相关性，以及是否要查看整个研究报告。

下面是施密特对其研究总结的逐字描述，文字略有改动。

在第一章，我详细说明了我是如何对研究荣格的阴影原型产生兴趣的，以及作为分析心理学创立者的卡尔·荣格是如何启发式地探究他的潜意识的内在领域，即阴影原型的。我关注面对阴影的英勇壮举，以及自我的旅程如何充满危险。我研究了我的犹太祖先面临的各种挑战，他们与德国纳粹主义的集体阴影作斗争。而且，我还讨论了个人阴影和集体阴影的交融，以及我作为德国犹太人的后裔，如何也成为日耳曼集体阴影原型的载体。本章也描述了我的阴影的各种各样的化身，并以我的论文题目"对荣格阴影原型的体验是什么样的"作为结束。

在第二章，我研究了荣格关于阴影原型的理论视角。我讨论了集体无意识及其在阴影发展中所扮演的角色。我还描述了原型和原型意象的潜在意义，以及将阴影本身理论化的心理学发展阶段。我聚焦于基本方法、心理投射，荣格认为这些促使阴影进入了意识当中。

在第三章，我仔细查阅了关于阴影原型的相关文献，我专注于对阴影的研究。我发现这类研究很缺乏，所以我也查阅了概念性的以及应用型的期刊文章。我注意到在每一篇我所研究的论文中阴影定义的共性，以及对与阴影相关的其他荣格理论的严格遵守。我还讨论了这些研究文献是如何力图断定，荣格学派关于阴影和其他原型的理论不仅仅是弗洛伊德早期关于无意识论述的翻版。荣格主义的研究将阴影视为个体化和自我实现的催化剂，以及通向更深层的个人和集体潜意识的一种途径。同时还提到了一些构成阴影基础的东方哲学思想和西方哲学思想之间产生的冲突。回顾了阴影结构的各种层次，包括个人的、集体的及原型的。最后，以阴影原型的角度阐述善与恶及其角色。

第四章是对我所使用的现象学研究方法的一项考察。我回顾了现象学的历史及其创立者埃德蒙德·胡塞尔的关键概念。这些概念包括作为一种存在形式的意识，回到"事物"本身、从所有形式的哲学二元论中战略性撤退。我选择了四个关键的研究概念：生活世界、结构—纹理、意向性和现象学描述方法。然后，我探索了这些概念是如何影响我对阴影原型的研究的。

第五章阐明了我的研究发现的结构和纹理。我发现阴影有一个普遍的结构：与自我体验相关的自我。接下来是若干子结构，包括存在的歧义性、自我实现预言、个人成长的入口、作为子人格的黑暗双星、两极的对立以及自恋。

研究所揭示的阴影的核心主题纹理包括：体现在前意识恶魔般实体体验中的阴影，个人的恶，作为释放强烈的负面情绪和内心骚动的阴影，体现在个体暧昧性中的阴影，一种无处不在的心理恐慌。

在论文的最后一章，我将总结关于阴影原型体验的发现及其

与我、心理学领域、研究的其他领域（包括国际关系和人类学）
的关联。我也会批判我的研究方法和步骤，包括我的研究设计和
方法论的局限性和优势，也会说明我在未来的研究中会有什么不
同。我将把我自己的研究发现与我在文献综述中总结的研究发现
区分开来。最后，我讨论了阴影原型体验与对邪恶的直接体验之
间的差异。(Schmidt, 1992, pp.141-144)

在下面的每一部分中，我将详细介绍一个研究项目总结部分的
主要构成。每一部分都提供了对评估研究的方法论、资料和影响的可
验证性和合理性有用的关键材料。

特朗布尔对冠状动脉搭桥手术的研究

区分于前人的研究发现

在特朗布尔(Trumbull, 1993)对冠状动脉搭桥手术的研究中，
他对14名合作研究者进行了全面的访谈。他对访谈进行了逐字逐句的
分析，形成了个体的和综合的纹理描述和结构描述，以及意义和本质
的综合。在下面的摘录中，他将自己的研究发现与前人的研究区分开
来，并指出了他从对冠状动脉搭桥手术的性质和本质分析中获得的原创
性知识，正如那些愿意提供关于他们体验的全面描述的研究参与者在
第一人称报告中所描述的。

在收集和分析完我的资料之后，我现在将把我的研究及其
发现与我的文献综述联系起来。在第三章，文献综述：关于冠状
动脉搭桥手术(CABG)，我回顾了152篇引文，并将其分为九个方
面：1)由CABG导致的前一和后一社会心理结果的影响、结果和

生活质量；2）为那些已经经历CABG或者将要经历CABG的个人提供教育信息资料；3）健康护理提供者和非医疗人士关于CABG体验的自传性描述；4）CABG对配偶和家庭的影响；5）特定的精神障碍和CABG效果的案例研究；6）药物及其对CABG前后的影响；7）经历CABG的个体如何通过饮食和生活方式的改变预防进一步的问题；8）药物治疗与CABG；9）使用内容分析对CABG体验的一项质性研究。我将在单独的小标题下评论我的研究与上述每一类研究之间的异同。

由CABG导致的前—和后—社会心理影响、结果和生活质量

在第一类中，前—和后—社会心理影响、结果和生活质量，大多数研究的焦点与我自己的研究背道而驰。他们测量了术前和术后的抑郁和其他心理状态。他们还测量了A型行为和与之相对的B型行为，催眠对CABG结果的影响，男性与女性的精神治疗效果的对比，减少术后急性高血压发病率的术前准备，遵医行为当中的性别差异。我的研究并没有试图测量这些变量当中的任何一个。

比较和区分我的研究发现与前人研究

下面呈现的这类研究中的四项与我的研究结果相似。

Mulgan和Logan（1990）完成了一项关于病人和配偶等待CABG时的社会心理影响研究。他们发现配偶的焦虑增加了；45%的病人声称他们的健康受到损害。研究者建议应该给予等候期间的病人和配偶更多的关注。我的合作研究者报告了同样的忧虑，并提供了相同的建议。

Saudia，Kinney，Brown和Young-Ward（1991）开展了一项研究，检验健康控制源和祈祷作为术前应对机制有用性之间的关系。他们发现健康控制源的类型和祈祷的有用性之间并无相关

性。然而，他们的确发现，无论采用何种类型，病人都会觉得祈祷是有益的。研究者的发现与我自己的研究是一致的。除一人外，我所有的合作研究者都报告说，他们已经检查了自己的宗教信仰，并把自己的生命交到上帝的手中。

Penckofer和Holm（1987）研究了CABG之后突显的希望和恐惧。与我的研究一致，他们发现，术后随着时间的推移，个体表达的希望多于恐惧，对与改善的健康、美好的家庭生活和身体活动相关联的未来很乐观。我的合作研究者还描述了对病人持续的伤口疼痛、心绞痛的复发，以及又一轮搭桥手术的恐惧。

我的资料与Thurer、Levine和Thurer（1980）收集的资料在以下几个方面相似：无论术前还是术后，很多病人的反应都是：a）否定，b）哀痛，以及c）对外科医生的敬畏。手术之后，病人：a）回顾了生命中的重要之物并改变了优先顺序（重视人与人之间的亲密关系，贬低工作），b）意识到他们的生命是有限的，并重新燃起对生活的热情。

为已经经历或将要经历CABG的个人提供教育（信息）资料

我找到十三本出版物，它们为已经经历或将要经历CABG的个人提供了教育（信息）资料。其中有三本是学术研究作品，剩余的是一般书籍、指南、宣传册和视频。这三项研究证实了我的发现：医务人员花在准备、告知和教育病人上的时间，对于帮助病人应对他们不得不面对的程序和干预是至关重要的。

Cupples（1991）报告说，获得预先许可、之后预约，以及术前教育的个人会获得一种明显更高的术前知识、更积极的情绪状态、更良好的生理恢复。我的研究证实了这些发现。

与我的研究发现相一致的还有Dracup, Moser, Marseden,

Taylor和Guzy（1991）完成的研究。这些研究者调查了一项多维心肺康复计划对心理社会功能的影响，报告说，这项康复计划的参与者明显减轻了焦虑和抑郁，对他们的婚姻更加满意，并做出了更好的整体社会心理方面的调整。

Beckie（1989）研究了一个支持性（教育性）的电话项目在出院六周后的效果。她发现对冠心病、饮食、药物、身体活动及其限制，以及有节律的锻炼和休息有更多了解的人会体验到较低水平的焦虑。这些发现也与我的研究相一致。

健康护理提供者和非医疗人士关于CABG体验的自传性描述

我之前的研究分析的第三类包括十三项研究。这十三项研究都提到了八个主题，并且与我自己研究中的主题相同。但是没有一个研究包含对资料的反思性分析，这恰恰是我研究的一个亮点。

CABG对配偶和家庭的影响

CABG对配偶和家庭的影响，即我的研究综述的第四类，包括九项研究。我的研究重复了这些研究发现，强调了家庭成员和朋友的支持、关心在帮助病人应对CABG危机时的至关重要性。其中有四项研究：Radley，Green（1986）；Goldschmidt，Brooks，Sethia，Wheatley和Bond（1984）；Gilliss（1984）；Langeluddecke，Tennant，Fulcher，Bariad和Hughes（1989）报告了术前配偶明显的焦虑、抑郁和整体社会心理障碍的临床症状，以及术后的改善。所有研究者都建议，护士应该对家人和朋友的需求做出积极的响应，应该发展具体的项目来帮助配偶和家庭成员应对手术及其后果带来的压力。此外，我的合作研究者还描述了手术对于配偶和家庭的消极影响，并建议这些问题应该在手术之前解决。

特定精神障碍和CABG效果的案例研究，药物及其对CABG前后的

影响

我的文献综述的第五类，涉及特定精神障碍和CABG效果的个案研究。第六类，研究了药物及其对CABG前后的影响，并将其作为文献广度的例证。我自己的研究探索了一个完全不同的问题，其目的在于寻找CABG的性质、意义和本质。

经历 CABG 的个体如何通过饮食和生活方式的改变预防进一步的问题

文献综述的第七类，"经历CABG的个体如何通过饮食和生活方式的改变预防进一步的问题"涉及三项研究。我所有的合作研究者都很积极地做出饮食和生活方式的改变以促进他们的健康。他们利用康复和锻炼项目，参加饮食和烹饪班，购买相关书籍，并始终如一地做出适当的改变。因此，我的发现指出了类似的生活方式的改变，但它们是从我的合作研究者的第一人称叙述的角度来描述的。

药物治疗与 CABG

第八类，药物治疗与CABG也被纳入进来，以表明文献的广度。我自己的研究聚焦于一个不同的主题，因此与这个问题无关。

使用内容分析对 CABG 体验的一项质性研究

最后一类，第九类，涉及CABG体验的一项质性研究，使用了内容分析。Bartz（1988）报告的发现与从依赖到独立的转变有关。它包括五个阶段：1）手术中的幸存，2）意识的苏醒，3）感觉到身体的损伤，4）感知周边环境，以及5）对医生的人际信任。这些发现都在我自己的研究中得到了证实，尽管如此，Bartz并没有提供个体的和综合的纹理描述或结构描述，或者综合呈现遭受冠状动脉搭桥手术的整个体验。

在把我的研究放到前人研究和报告的背景的过程中，我已经表明了我的研究中哪些地方重复了早期的研究发现。我也指出了其中的不同。从我的研究中，我获得了八个核心主题，并将其合并为一份关于遭受冠状动脉搭桥手术体验的综合纹理描述。我运用想象变更，形成了一份关于该体验的综合结构描述。我将综合纹理描述和综合结构描述整合为一份关于遭受冠状动脉搭桥手术体验的意义和本质的综合。（Trumbull, 1993, pp.211–219）

[转载已获得作者许可]

未来的研究

现象学研究中的研究者在研究的过程中成为了该课题的专家，了解了前人研究的性质和发现，形成了对该课题的新认识，并已熟练地认识到能深化和拓展关于该课题认识的未来的研究类型。

我挑选了两项研究来说明研究者如何对未来研究进行讨论和概述：阿尔珀恩（Alpern, 1984）对"男人月经体验"的调查，以及帕斯基维奇（Paskiewicz, 1988）对"闭合性颅脑损伤"的研究。

阿尔珀恩对"男性月经体验"的调查

阿尔珀恩（Alpern, 1984）对一组精心挑选的男性进行了长时间的个人访谈，以获得他们如何知觉和描述自己关于月经体验的信息。她为未来的研究项目提供了重要的建议，并简要地指出了设计这些研究项目的方法。比如，未来的研究可以包括对男性月经体验的集体访谈，而不是单独访谈。阿尔珀恩提出的另一个未来可能的取向涉及对男女夫妇的访谈，以比较和对比他们的体验。

下述的摘录选自阿尔珀恩对男性月经体验的调查，概述了她的观点——什么是理解月经体验的重要的新方向。

在这项研究中，资料是从个人访谈和观看一部月经影片的体验当中获得的。改变形式并考虑这些发现则提供了关于男性月经体验的其他洞见。

这项研究设计的一个突出特征是，作为研究者的我是一位女性。然而，这并不必然是一种限制，事实上，一位合作研究者将其视为一种优势，但它的确影响了男性的看法。一项由男性进行的关于该主题访谈的研究，也许会产生不同的或者其他的资料。

根据设计，参与研究的男性彼此之间没有互动。有几名男性指出他们缺少言语的交流。男性普遍对其他男性关于月经的感受或态度表现出好奇。一项包含群体互动的研究可能会唤起人们的反应和男性体验的某些方面，而这些是个人访谈难以触及的隐私。群体对话可以包含所有的男性，也可以包含所有在一起的女性与男性。

采访亲密无间的夫妇，一男一女，可以在有意义的关系中提供知觉与反应方面的信息，其他经分析可能会证明有效的关系是亲（母亲或父亲）子关系和医患关系。

对这项研究的实施和结果至关重要的是对主观视角的强调。对未来研究的建议并没有改变这一基本的焦点。他们建议修改这一特定的主观视角或者获取资料的背景。因为这项研究的一个主要发现是，男人对月经的看法与他们的存在有着密切的和整体的联系，重复的或类似的研究设计也许会对接近月经的个人风格提供更多的洞见。现象学方法提供了对主观体验的一种描述，然而，每一种现象的构成都是多层次的，所以要向持续的发现敞开。本研究描述了男性关于月经的体验，但不一定是完整的或全部的。对男性月经体验的更多研究将揭示这一现象的其他方面和理解。（Alpern，1984，pp.150-151）

帕斯基维奇对闭合性颅脑损伤的研究

帕斯基维奇（**Paskiewicz, 1988**）访谈了11位合作研究者，深入研究了他们遭受闭合性颅脑损伤和康复的体验。他仔细考虑了研究设计和方法，以深化和拓展他人从自己及前人关于闭合性颅脑损伤的研究中获得的知识。他强调关于闭合性颅脑损伤的长期影响需要更多的信息，因此，帕斯基维奇提出了一项纵向研究。由于对家庭成员经验资料的充分性感到不满，他提出了一个未来研究项目，将邀请每一位家庭成员深入地描述与闭合性颅脑损伤的人生活在一起的影响。

在下面逐字的摘录中，帕斯基维奇概述了未来可能的研究，并将其与自己的研究设计和资料联系起来。

在颅脑损伤领域需要进一步的现象学研究。在我的研究过程中产生了两个研究领域，我认为它们对于理解这一现象尤为重要。第一个涉及对颅脑损伤的长期研究；第二个聚焦于与颅脑损伤的人生活在一起的家庭成员的体验。

Dimken和Reitan（1977）已经提出，在研究神经学相关问题时需要运用多种方法。其中一种迄今为止很少受到关注的方法是纵向研究的使用。

在我自己的研究中，我幸运地邀请到了两位受伤十余年的人。

这两个人分享了与那些最近受伤的人同样的基本体验。在康复方面，两个人都取得了可喜的进步，达成了康复成功的里程碑。然而，他们的进步似乎在达到一个稳定水平之后开始下降。这是常态吗？在颅脑损伤的体验中，有没有长期的因素导致那样的下降？对个体在"精疲力竭"之前有效地应对他或她的激烈斗争有没有长期的影响？在关键时刻，有没有干预策略使颅脑损伤的人迈向一种持续的成长过程？这项现象学研究设计对受伤十余年之久的合作研究者进行了访谈，旨在从他们目前的视角来理解他们体验的本质，以解决上面所概述的主要问题。对康复和衰退过程认识的提高将导致创造性的干预策略。

颅脑损伤的人的体验的关键是他或她与他人的关系。由于这个原因，以及为了获得对体验的理解，聚焦于家庭成员体验的研究将增加一种重要的理解，也许会指明促进和保持家庭成员与颅脑损伤的人之间积极沟通的方法。如果要采用有效的治疗，还需要更全面地了解对家庭的影响。在家庭中，与一个不再相信自己、感觉自己没什么价值的人生活在一起，生活在情感的旋涡中，被受伤人的躲藏和退缩所影响，这会是怎样一种情况呢？颅脑损伤的人如何在家庭中学会适应？什么因素导致了高离婚率？有两项受到称赞的现象学研究值得一提。在第一项研究中，无论受伤前还是受伤后，与颅脑损伤的人在一起生活的成人、配偶或重要他人都处于社会的核心单元中，他们接受访谈，以获得对与遭受颅脑损伤的人在一起生活的体验本质的理解。在第二项研究中，对颅脑损伤的成人的青春期的孩子（这些孩子至少在9年前就开始了解受伤病影响的父母）进行访谈以获得他们在那样一个家庭中生活体验的洞见。重点是当他们与自己、个别家庭成员、作为整体的家庭单元，以及家庭之外的人相联系时颅脑损伤如何影响他们。

我自己的研究与三个被推荐的研究相结合，将从那些最直接受其影响的人的角度，提供一种关于颅脑损伤体验的广泛的现象学视角。（Paskiewicz, 1988, pp.103-105）[转引已获得作者许可]

社会和专业影响方面的结果

为了阐明研究资料的影响，我从三项研究中挑选了逐字的材料：斯特拉曼（Stratman, 1989）的"女性的个人力量"，帕斯基维奇（Paskiewicz, 1988）的"闭合性颅脑损伤"，以及施奈德（Schneider, 1987）的"母女关系"。

斯特拉曼对女性个人力量的研究

斯特拉曼（Stratman, 1990）在长期的访谈中，与女性一起探讨了她们在追求个人力量过程中的感受、想法、知觉和体验。她的资料在激励女性对她们的生活负责，肯定她们在做决定和应对挑战时的个人力量方面具有独特的价值。我选择了斯特拉曼的这部分作品作为一个及时的、与社会相关的研究实例，来回应长期被忽略的社会价值。

以下摘录来自她的研究项目，她讨论了研究发现的意义。

……在人类发展的领域中，个人力量具有个体的和社会的意义。个人力量影响着所有的生活体验。它使一个人能够发起和实施变革，并掌控自己的生活。目前的研究对治疗师、教育者和父母也有类似的影响。内化肯定以及自我肯定的能力是个人力量的基石。使用个人力量，一个人能够做出生活的抉择。在行使个人力量和做出生活抉择时，自我肯定提升了，自我力量增强了。增强个人力量成为治疗师、教育者和父母的任务。更具体地说，合作研究者将应对挑战（但并非不可能的挑战）描述为他们力量的增长。现实的挑战能够成功应对，所以，常常被引用的是个体感觉到强大。在儿童早期，他人的支持是个人力量早期发展中一个重要因素。那些在孩提时代就认识到内在力量的合作研究者被重要他人告知，他们有能力并可以做他们选择的任何事情。第一次意识到力量的成年女性描述的更多的是为获得这种认可而付出的努力，以及为了体验个人力量而不断需要外界的支持。对他人的肯定也许是实现个人力量的先导。这些资料支持在童年期发展自信的重要性，以便个体能够体验到他或她的力量，做出他或她自己的选择，冒着犯错的风险，生活得更加充实。识别可能的挑战、将失败最小化以及成功的可能性最大化是父母、教育者和治疗师的一项重要任务。在治疗中，这就转化成治疗师既要提供支持又要提供挑战。强调个体是有能力的、能够掌控他或她自己的生活这一基本信念的价值。

……在研究女性的个人力量时，本研究为那些渴望认识、使用她们个人力量并与之为友的女性提供了一个建设性的模型和支持。这些关于力量的描述为尝试新的行为、从过去中吸取教训，以及勇敢地冒险进入一个没有把握的将来提供了勇气。对力量的培养和关爱品质的重视对女性而言是一致的。这是对女性力量的写照……属于女性而不是与女性格格不入。

……个人力量是一个人的品质，它不是由外部创造或导致的。个人力量可以从外部得到滋养，但它主要是一种内在的或自我的肯定。因此，一个人不可能赋权给另一个人。认为一个人能够赋权给另一个人实际上否认了他人的力量。一个人可以对另一个人的力量表现出敏感、尊重，也可以为体验个人力量创造最佳条件。事实上，是我们的道德责任使我们致力于创造一种促进个人力量的环境；一种鼓励对立面的综合、负责任的决策、掌控自己生活的环境；一种尊重和重视个人力量的环境。然而，实现个人力量是每一个人的责任和需要。

最后，被所有人暗示，并且被一些合作研究者明确陈述的，是一种更成熟的、更负责任的力量体验，它受到每个个体与他人相关联的意识的引导……女性社会化的经验告诉我们要成为人际关系、支持以及合作方面的专家。这些天赋与更有用的品质，如能力、独立以及决策结合在一起，对于个人价值、有效的家庭和社会互动，甚至对于全球的共存都是必要的。将负责任的个人力量纳入领导角色既有益于个人也有益于社会。

以一位合作研究者的体验——它提供了关于个人力量的有说服力的总结——作为结束似乎是合适的。她说："个人力量是我内心的一团火焰，我必须跟随它才能成为我自己。它看起来像一团很容易被吹灭的微小火焰，但实际上它是一种永恒的亮光。我可以离开它，或者分一些给他人，并确信它不会熄灭。事实上，我把我的火焰给予他人越多，我的火焰就会变得越加明亮，直到我根本不必担心它会熄灭。它来自我的心中，但却是被他人照亮的，以至于我可以骄傲地说：'看，这就是我的火焰'，并且我可以跟随它。我所做出的所有重要的生活决定都是借助这一火焰的光。它是真诚之光，忠于自我之光。它变成了我人生的真理，也是生活的真谛。"对这一火焰的本质、这一真理、这种个人力量的理解和滋养导致了个人以及社会向一切可能的方向发展。

帕斯基维奇关于闭合性颅脑损伤的研究

帕斯基维奇（Paskiewicz, 1988）区分了自己的研究发现与前人的研究，在下面摘录中，他考虑了改善对遭受闭合性颅脑损伤以及正处于恢复期的患者的护理的意义。帕斯基维奇对闭合性颅脑损伤患者的社会治疗和忽视的影响，以及他对康复的建议，为促进闭合性颅脑损伤患者的学习和康复提供了重要的指导和资源。

在接下来的研究部分，帕斯基维奇讨论了他的资料对于改善对闭合性颅脑损伤患者的护理的社会意义和个人意义。

改善护理的意义

很明显，颅脑损伤会对受伤的人的生活以及他（她）与他人的关系产生深远的影响。损伤后果是深远的和长期的。当然，预防是最主要的挑战，需要更多的社会关心和关注。这些损伤大部分发生在汽车上。这些旨在促进安全驾驶、安全带的使用以及汽车安全性能的更新与改进，比如车内增加安全气囊的项目需要得到支持。

需要开发和使用更合适的和更有效的康复手段。本研究中的许多参与者被安置到发育或情感方面受损的人群中，或者任由他们运用自己的创造力和资源来康复。可现有的项目往往忽视了颅脑损伤的成人所面临的具体问题，尤其在日常计划和活动当中要考虑记忆困难、精力水平和情感敏感性。情感支持和精神治疗的机会在很大程度上难以获得或被拒绝。家庭问题并不是首要的。Ben-Yishay和Diller（1983）［原文如此］指出了三个主要的康复障碍：关注、学习以及整合的问题。然而在对闭合性颅脑损伤的日常［原文如此］护理中，毫无疑问重要的是，对这些问题的积极关注依然没有涉及颅脑损伤患者体验的情感和社会方面。

很明显，需要全面的、多重聚焦的、跨学科的治疗。项目应该包括：评价、认知再培训、个人咨询、团体咨询、家庭治疗、社区活动的功能、持续的医学治疗，以及工作安置。Diller和Gordon（1981）的研究指出，需要将康复治疗建立在医学和心理学诊断的基础上，改善它，并将其与自然治愈过程结合起来。

这项研究证明了，颅脑损伤的情感成分是强烈的和突出的，导致了自信的瓦解、退缩，以及疏远和孤立的感觉。与他人的关系受到严重损害，与家人建立亲密关系的能力受到阻碍。个体心理治疗可能有助于减轻情绪和行为上的痛苦，并防止进一步的情绪并发症。

在治疗中遇到的问题与普通门诊患者的相似。颅脑损伤的人的问题的内容可能不同，但是他们的很多挣扎都是相同的。这归因于颅脑损伤带来的巨大压力。一个人会在人格"断裂带"上表现出这种压力……很久以前可能已经被解决的问题可以被重新激发，重新成为一个问题。心理治疗是经受住这种情感风暴、重新建立与他人的联系、重新建立自信和强烈的个人认同感的一种手段。治疗的另一个重要目标是帮助这些人根据他们目前的生活状况找到生活的意义或目标。受害者否认或隐藏缺陷的努力和退缩的倾向是影响治疗效果的两种主要因素，必须得到解决。

在本研究中，我们已经看到颅脑损伤的人在家庭方面所面临的冲突以及由此产生的问题。从整体观点来看，家庭单位的纳入在治疗过程中是非常重要的。正如Brooks和McKinlay（1983）的研究所表明的，在受害者体验到的情绪和行为破坏的程度与家庭中发现的情绪和行为的破坏之间存在着直接的关系。对家庭的考虑，不仅应考虑它正在承受的压力和它可能产生的额外压力，还必须考虑它能够提供的支持。根据Mauss-Clum和Ryan（1981），拥有强有力的家庭支持的病人取得的进步要比那些没有支持的病人更大。

闭合性颅脑损伤体验中的很多突出要素，看起来也可能适用于其他神经系统综合征。多发性硬化症、帕金森病以及中风是几个症状类似的疾病，它们可能会导致情绪失控以及为保持身份而进行的不断挣扎。在这种情况下，问题的改变、情绪的失衡、意识的下降、对未来的恐惧、依存的关系，以及疏远和孤立的感觉每天都在提醒着不确定性、缺陷以及自尊的丧失。（Paskiewicz，1988，pp.100-103）[转载已获得作者许可]

施奈德对母女关系的研究

在现象学研究的这一部分中，研究者已经成为该主题的专家，反思并提供想法和建议，并提供有益于个人、社会、家庭生活，以及个人专业方面的影响和结果。施奈德（**Schneider, 1987**）对母女关系的研究提供了一种典型的关于影响和结果的描述，旨在促进对母女关系从依赖到亲密和自主发展过程的更深入理解。对这一过程和发展转变的认识有助于母亲和女儿的自我肯定，并促进积极健康的互动。

下面的摘录简要地概述了她的资料所暗示的影响。这些资料是从母女关系发展阶段中获得的知识。

本研究所获得的见解和认识对于个人、专业以及社会层面的运用具有巨大的潜在价值。

具体而言，本研究指出了下述结果和影响。

（1）女性强烈地想将其生活理解为受到她们与女儿关系的影响，并试图找到一个支持系统来给予她们勇气和力量，从而度过黑暗的时期并享受幸福和爱的时光。

（2）在身份形成和自我的重新界定方面，母亲和女儿都有一个发展的日程表。从我的参与者的体验中可以清楚地看到，她们对母女过程的每一个阶段的动态意识的增强减轻了她们的无助感，并且为她们作为母亲和女性的有效性提供基础和验证。

（3）知识就是力量，这一理解打开了改变的可能性。

（4）这一过程需要花费一定数量的时间，并且时间对这一过程而言是必不可少的。

（5）换一种角度，有助于女性理解这一过程的每一阶段都具有独特的征兆。开始时以坚持的紧张气氛为标志，中间充满了挣扎，随着时间的流逝，母亲一方逐渐认识到，她可以在不失去这段关系的情况下放手。

（6）不管来自父亲的支持和干预的性质或数量如何，母亲都会感到，她们对处于青春期的女儿身体上以及情感上的福祉负有基本的责任。这一发现暗示了与极端情感状态——当女性试图整合事业、个人兴趣以及其他占用家庭时间和精力的社会活动时就会暴露出来——的关联。此外，在母女关系紧张期间，这一维度变成了丈夫和妻子之间冲突的舞台。

后面的发现具有若干临床方面的应用，因为它有助于澄清角色界定和期待，以及为父母之间的持续交流创造机会，使他们彼此支持，并以一种互利的方式分享他们各自的优势。

对社会的影响表明，需要继续增强公众意识，提升公众良知，加深对女性感受的了解，并为男性创造更多分担养育子女责任的机会。

（7）社会的变迁提升了关于女性权利的社会意识，它们为女性创造的机会和可能性常常被体验为矛盾的。女性似乎感觉到左右为难，一方面是在家庭之外获得情感表达的诱惑，另一方面是以一种与她们对子女身体和情感的重视相一致的方式来养育子女的渴望。这一领域的研究发现意味着，我们需要意识到社会当前对现代女性的描绘方式与女性所表达的生活体验之间存在着一种对立。此外，女性似乎试图找到她们生活领域中的一种平衡。这些资料指出了社会干预创造学术和职业机会的几种可能性，这些机会具有足够灵活性，允许女性运用她们的天赋和技能，同时允许女性以一种与她们的信念和价值观相一致的方式来养育子女。

（8）然而女性似乎努力在养育子女和拥有家庭之外的职业之间寻找一种平衡，事实上，她们认为，职业和学术或者其他的个人兴趣正在从整体上改善母女关系。最主要的是，女性将职业和其他的兴趣与个人成长、更强的胜任感，以及一般的自尊感联系起来，所有这些都被用作回应母女关系诸多要求时的力量和援助的来源。此外，参与和致力于家庭外兴趣的女性，与那些深深植根于身份形成的斗争中的女性相比，似乎体验到较少创伤的分离。这一发现增强了女性需要机会参与家庭之外的世界的可信性，需要进一步解决的是，社会需要探索支持女性以各种各样的方式寻求真实表达的机会。

（9）最后，处理过程的相关性也会对社会产生影响，特别是在社会用以进行科学研究的方法方面，以及科学对体验构成的自我寻求和自我揭露的真理的追求方面。在这一背景下，有必要再举一个通过一个过程获得知识和理解的例子，这个过程与体验者的内在尊严相一致，也与人们被倾听和被相信的权利相一致……

在个人层面上，这项调查研究的开始、实施和完成对我的生活产生了深远的影响，并极大地促进了我自己的成长和发展。当女性分享她们对于母女关系的体验时，能有幸聆听并与她们交流，这给予我一种对我所体验东西的肯定感和确认感，以及迈向一个激动人心的未来的支持和勇气。当我从那些女性口中得知她们有过和我一样的经历，有过和我一样的感受，并且听说她们在这一过程中走得更远时，她们让我瞥见了即将发生的事情，这对我来说是莫大的安慰。在整个学习过程中，我能够将我所学的知识整合起来，并获得一个整体的视角。

在我获得对认知本质的洞见和理解的同时，我也意识到内心的一种改变，并与一种内在的转变对话，它反映了我自己学习的整体性。

特别是，我开始意识到，在女儿青春期阶段，对母女关系的体验是与一个非常真实、具体的过程相关联的，这一过程可以被检验和理解，而且它具有某种可以用于支持和引导的一定的参数和结构。此外，我现在明白了，标志着开始阶段的恐惧和紧张并不是病态的，这些挣扎重新巩固了一种新的纽带，爱最终通过时间和空间来维系。

由于我的学习影响了我的个人成长，我在作为心理学家的工作中，也使用了这项研究的内容和过程信息，并在与参与这一过程的女性分享这些发现时获得了丰厚的回报。此外，我对发展和实施一项与我对科学与人性的信念和价值观相一致的研究感到无比

的骄傲和愉悦。(Schneider, 1987, pp.107–114)[转载已获得作者许可]

现象学研究的结束阶段

施奈德对母女关系的研究

我选择了施奈德（Schneider, 1987）对母女关系研究的另一部分，作为现象学研究者如何结束一项研究的很好的例子。施奈德在她研究的结尾使用邀请来呈现她专业的和个人的观点，以及她从保持"与一种体验的整体性及其本质的联系当中获得的力量和灵感……因而，让团结与爱之光去照亮黑暗的时期，提醒我生活过程变化和展开的本质，以及个人力量不断再生的源泉"（p.118）。

在结束我对母女关系的研究时，根据已知的情况来考虑研究发现是恰当的。作为定位此研究和确认需求存在的一种手段，本研究回顾了现有的文献。在完成了对这一主题相关信息的广泛搜索和审查，并且对比了我自己的研究发现与文献综述中的发现后，我认为，从我的资料中获得的关于母女关系的综合的纹理描述及结构描述，为现有的知识增添了独特的和重要的描述。

特别是，本研究不同于其他研究的地方在于它的方法和程序，它让我理解了对青春期母女关系进行描述的意义、价值和本质。此外，本研究着眼于体验的整体性，包括了心理学、社会学、生物学以及精神的维度。

与已有的研究不同，本研究并不试图提供建议或开出行为处方，而是为内在于我的参与者的自我寻求和自陈报告的认识、见解和行动提供机会和可能性。

此外，虽然关于分离和认同形成的某些主题和问题可以从现有文献中收集，但是先前并没有研究把情境与体验结合起来，并以一种反映关键的人类体验的总体性和整体性的方式来综合体验。

在已有研究中，只有一项关于育儿经验的质性研究极具代表性。虽然我发现《我们自己和我们的孩子》（波士顿妇女健康丛书，1978）是对这一体验最贴切的描述，但是它并没有提供核心主题的一种整合，或者过去、现在和将来的一种统一。我认为，我的研究拓展了对母亲与青春期女儿关系的描述性分析，阐明了体验的整体性，它是基于一种与其目的和价值相一致的哲学，并且对于它试图澄清和阐明的问题而言是恰当的。

我的研究呈现了一个描述性的过程，描述了每一个阶段的动态，记录了从"牢牢抓住"到"放手"的变动。通过指出"紧紧抓住阶段"的根深蒂固与"放手阶段"的展翅翱翔之间的对立，我的研究得出的结论进一步与其他研究区分开来。

当我结束这一研究报告时，我还沉浸在自己所参与的这个永无止境的求知过程中。虽然这项特定的研究在传统意义上已经得出结论，但是我所获得的洞见和理解将影响我的存在方式，并将永远与我相随。

我在这一过程中所学到的经验教训主要是关于生命过程本身，以及当人们坚持基于承诺、整体性和关怀的视角时所产生变化的可能性。此外，如资料所示，我对自己与我女儿的关系有了一种个人意识，它令人非常满意；即使随着我生活的持续展开，随着我在这种关系中持续地成长和学习新的东西，我在内心深处发现了赖以生存的一些基本的和不可或缺的东西，它们将使我坚强并为生活的挑战提供新的方向。

这一旅程构思于寻求者的内心，这一过程产生于对召唤的回应，这一结论产生于对体验的生动描述，这些体验使科学研究成为可能，使实践性知识成为现实。(Schneider, 1987, pp.116-119)[转载已获得作者许可]

创作研究手稿

在附录C中，我提供了一份详细的关于如何构思研究手稿的大纲，作为形成一份有效组织和呈现一项现象学研究手稿的指南。这份大纲包括：形成关于主题和大纲的介绍和陈述，进行和组织相关文献的综述，发展和呈现先验现象学模式的概念框架，包括方法论资料呈现方式的部分，以及最后关于研究的总结、影响和结果部分。

结　语

本书中所呈现的我自己对先验现象学模式的应用一直以来都是一种有益的经历，它给我的世界带来一种新的热情，一种积极参与他人生活的方式，一种见证和提升体验的特质、构成和重要视域的方法。我确定我将继续修改和完善这一模式，但我也确信，就目前来说，它提供了一种有价值的资源、一种认识和发现人类体验的意义和本质的方法。它提供的过程和方法需要有效的倾听和聆听，如其所现和如其所是地看待事物，不做判断，学会描述体验而不是解释或分析它，聚焦于一个核心问题，并深入探究人类体验的日常构成。

先验现象学模式提供了一种方法，它使主客观因素和条件相互关联，它使用描述、反思和想象来获得对事物的理解、看到事物得以存在的条件，并在这一过程的运用中开启了意识、知识和行动的可能性。

参考文献

Alpern, N. (1984). Men and menstruation : A phenomenological investigation of men's experience of menstruation. (Doctoral dissertation, Union for Experimenting Colleges and Universities,1983). *Dissertation Abstracts International*, 44, 2883B.

Bartz, C. (1988). An exploratory study of the coronary artery bypass graft experience. *Heart & Lung.* 17(2), 179-183.

Beckie, T. (1989). A supportive-educative telephone program : Impact on knowledge and anxiety after coronary artery bypass graft surgery. *Heart & Lung*, 18(1), 46-55.

Ben-Yishay, Y., & Diller, L. (1983a). Cognitive defects. In M. Rosenthal, E. R. Griffith, M. R. Bond, J. D. Miller (Eds.), *Rehabilitation of the head injured adult* (pp.167-184). Philadelphia: F. A. Davis.

Ben-Yishay, Y., & Diller, L. (1983b). In M. Rosenthal, E. R. Griffith, M. R. Bond, J. D. Miller (Eds.), *Rehabilitation of the head injured adult* (pp. 367-379). Philadelphia: F. A. Davis.

Boston Women's Health Book Collective. (1978). *Ourselves and our children: A book by and for parents*. New York: Random House.

Brooks, D. N., & McKinlay, W. (1983). Personality and behavioral change after severe blunt head injury-A relative's view. *Journal of Neurology*, Neurosurgery and Psychiatry, 46, 336-344.

Cupples, S. A. (1991). Effects of timing and reinforcement of preoperative education on knowledge and recovery of patients having coronary artery bypass graft surgery. *Heart & Lung*, 20 (6), 654-660.

Diller, L., & Gordon, W. A. (1981). Rehabilitation and clinical neuropsychology. In S.B. Filskov & T. J. Boll (Eds.), *Handbook of clinical neuropsychology* (pp. 702-

733). New York : John Wiley.

Dikmen, S., & Reitan, R. M. (1977). Emotional sequelae of head injury. *Annals of Neurology*, 2, 492-494.

Dracup, K., Moser, D. K., Marseden, C., Taylor, S. E., & Guzy, P. M. (1991). Effects of a multidimensional cardiopulmonary rehabilitation program on psychosocial function. *American Journal of Cardiology*, 68(1), 31-34.

Gilliss, C. L. (1984). Reducing family stress during and after coronary artery bypass surgery, 19(1), 103-111.

Goldschmidt, T., Brooks, N., Sethia, B., Wheatly, D. J., & Bond, M. (1984). Coronary artery bypass surgery-Impact upon a patient's wife-A pilot study. *Thoracic Cardiovascular Surgery*, 32 (6), 337-340.

Langeluddecke, P., Tennant, C., Fulcher, G., Bariad, D., & Hughes, C. (1989). Coronary artery bypass surgery-Impact upon the patient's spouse, 33 (2), 155-159.

Mauss-Clum, N., & Ryan, M. (1981). Brain injury and the family. *Journal of Neuropsy-chological Nursing*, 13 (4), 165-169.

Mulgan, R., & Logan, R. L. (1990). The coronary bypass waiting list: A social evaluation. *New Zealand Medical Journal*, 103 (895), 371-372.

Paskiewicz, P. (1988). The experience of a traumatic closed head injury: A phenomenological study. (Doctoral dissertation, Union for Experimenting Colleges and Universities,1987). *Dissertation Abstracts International*, 49. 919B.

Penckofer, S., & Holm, K. (1987). Hopes and fears after coronary artery bypass surgery. *Progressive Cardiovascular Nursing*, 2 (4), 139-146.

Radley, A., & Green, R. (1986). Bearing illness : Study of couples where husbands await coronary graft surgery. *Social Science Medicine*, 18 (6), 622-626.

Saudia, T. L., Kinney, M. R., Brown, K. C., & Young-Ward, L. (1991). Health locus of control and helpfulness of prayer. *Heart & Lung*, 20 (1), 60-65.

Schmidt, L. (1992). *The shadow as a Jungian archetype*. Unpublished doctoral dissertation, The Union Institute, Cincinnati, OH.

Schneider, E.(1987).The mother's experience of the mother-daughter relationship during the daughter's adolescent years. (Doctoral dissertation, The Union Graduate School, 1986). *Dissertation Abstracts International*, 48, 2109B.

Stratman, C. (1990). The experience of personal power for women. (Doctoral dissertation, The Union Institute, 1989). *Dissertation Abstracts International*,

50,5896B.

Thurer, S., Levine, F.,& Thurer, R. (1980). The psychodynamic impact of coronary bypass surgery. *International Journal of Psychiatry Medicine*, 10 (3), 273-290.

Trumbull, M. (1993). The experience of undergoing coronary artery bypass surgery:A phenomenological invstigation. (Doctoral dissertation, The Union Institute, 1993). *Dissertation Abstracts International*, 54, 1115B.

附录 A
与研究参与者交流的文件范本

给合作研究者的一封信

日期 _____

尊敬的 _____，

感谢您对我关于冠状动脉搭桥手术体验的论文研究充满兴趣。我很看重您对我的研究所做出的独特贡献，我对您参与的可能性感到非常兴奋。这封信的目的在于向您重申我们已经讨论过的一些事情，并获得您在参与-授权书（您将在附件中找到）中的签名。

我所使用的研究模式属于质性研究，通过它，我寻求对您的体验的全面叙述或描述。我希望用这种方法来阐明或回答我的问题："经历冠状动脉搭桥手术的体验是怎样的？"

通过您作为一名合作研究者的参与，我希望理解您所体验的冠状动脉搭桥手术的本质。您需要回忆冠状动脉搭桥手术过程中所经历的具体情节、情境或事件。我在寻找这些体验对您来说是什么样子的生动、准确和全面的描述：您的想法、感受、行为，以及与您的体验相关的情境、事件、地点和人物。

我很重视您的参与并感谢您投入的时间、精力和努力。如果您在签署协议书之前还有任何其他问题，或者对我们见面的日期和时间有问题，可以通过[电话号码]联系我。

致以诚挚的问候。

迈克·特朗布尔

参与者授权协议

　　我同意参与一项关于"经历冠状动脉搭桥手术的体验如何"的研究，我明白该研究的目的及本质，并且我是自愿参与的。我同意资料在完成博士学位过程中使用，包括论文和任何其他未来的出版物。我明白每一位参与者（包括我自己）的个人简介将被使用，其中包含下述信息：名字、婚姻状况、子女数量、孙辈的数量、职业、导致去看心脏病专家的影响因素（症状）、从检查到建议搭桥到实际手术之间的时间间隔、搭桥日期、搭桥数量、搭桥时的年龄，以及任何其他有助于读者了解和回忆每一位参与者的相关信息。我同意上述个人信息的使用。我同意在下述地点＿＿＿＿下述日期＿＿＿＿＿下述时间＿＿＿＿＿与研究者会面，接受一次1到2个小时的初步访谈。如有必要，我将在一个双方都同意的时间和地点接受额外1到1.5个小时的访谈。我也同意访谈录音。

＿＿＿＿＿＿＿＿＿＿＿＿＿＿　　　　＿＿＿＿＿＿＿＿＿＿＿＿＿＿
　　　研究参与者/日期　　　　　　　　　　主要研究者/日期

给合作研究者的致谢信

日期 _____

尊敬的 _____,

感谢您在长期的访谈中与我见面并分享您的搭桥经历。我很感激您愿意分享您独特的个人的想法、感受、事件和情况。

我随函附寄了一份您的访谈记录。请您检查一遍整个文件好吗? 一定要问一下您自己,这份访谈是否充分体现了您搭桥手术的体验。在检查完这份访谈记录后,您可能意识到一种重要的体验被忽略了。请使用附寄的红笔随意添加评论,以便进一步详尽地描述您的体验,或者如果您愿意的话,我们可以安排再次见面并对您的补充和修改录音。请不要修改语法错误。您讲述您的故事的方式才是至关重要的。

当您检查完逐字记录并做出修改和补充后,请使用贴好邮票和写好地址的回邮信封寄回访谈记录。

我非常重视您对此次调查研究的参与以及对您体验的自愿分享。如果您还有任何问题或顾虑,请随时打电话给我。

致以诚挚的问候。

迈克·特朗布尔

附录 B
现象学模式的提纲式摘要

过程：

    悬置：搁置偏见，以一种无偏见的、包容性的方式开始研究访谈

    现象学还原

        对主题或问题加括号

        视域化：每一陈述都具有同等的价值

        界定视域或意义：视域作为体验的不变特质突显出来

        不变的特质和主题：将非重复的、重叠的要素聚类成主题

        个体纹理描述：对每一位研究参与者不变的纹理要素和主题的一种描述性整合

        综合纹理描述：将所有个体的纹理描述整合成群体的或者普遍的纹理描述

    想象变更

        改变可能的意义

        改变关于现象的视角：选择不同的角度，比如相反的意义和多样的角色

        自由想象变更：自由地考虑引起纹理特征的可能的结构特质或动力

        构建一份体验的结构特质的列表

形成结构主题：将结构特质聚类成主题

使用普遍的结构作为主题：时间、空间；与自我、他者的关系；身体关注、因果关系或意向结构

个体结构描述：对于每一位合作研究者，将结构特质和主题整合成一份个体结构描述

综合结构描述：将所有个体的结构描述整合成群体的或普遍的关于体验的结构描述

综合纹理描述和综合结构描述的复合

将综合纹理描述和综合结构描述进行直观—反思性的整合，形成对该现象或体验的意义和本质的复合。

方法论：

资料收集前的准备

1.陈述研究问题：定义问题的术语

2.进行文献综述，确定研究的原创性

3.制定研究参与者的选择标准：订立协议、获得知情同意、确保保密性、对地点和时间投入的协商，以及获得录音和出版许可

4.形成现象学研究访谈所需的指南及引导性的问题或主题

资料收集：

1.实施悬置过程，作为一种为访谈创设气氛和融洽关系的方式

2.将问题放入括号内

3.实施质性研究访谈以获得体验描述。考虑：

　　a. 非正式访谈

　　b. 开放式问题

　　c. 主题引导式访谈

资料的整理、分析和综合

按照修正的范卡姆方法或者斯蒂维克—克莱茨—基恩方法，形成

个体的纹理描述和结构描述、综合的纹理描述和结构描述，以及对体验纹理的及结构的意义和本质的综合

总结、影响和结果

总结整个研究

将研究发现与文献综述中的发现相联系和相区分

将研究与未来可能的研究相联系，并形成未来研究的纲要

将研究与个人层面的结果相联系

将研究与专业层面的结果相联系

将研究与社会层面的意义及关联相联系

提供结论：研究者未来的方向和目标

附录 C
创作研究手稿

第一章　主题和大纲的介绍和陈述

这个研究主题源于什么样的自传性背景和经历？有哪些突出的东西（一些关键事件）产生了认识上的困惑、好奇、热情？这一主题具有社会意义和社会相关性吗？你期待哪些新知识，它们将有益于你的专业、有益于作为一个人和学习者的你？

陈述你的研究问题。界定和阐明相关术语。

第二章　相关文献综述

包括对计算机检索、资料库、主题词、关键词、覆盖年限、资料库摘要打印列表的讨论。还包括"手工"和"图书馆"检索的摘要和发现。

文献综述的结构包括：引言——清楚地呈现综述的题目或主题，对方法论问题进行概述和讨论；方法——描述是什么促使你选择纳入该项研究（选择的标准），研究如何进行，包括一些例子；主题——按包容的主题来组织研究，并在呈现研究结果时将这些主题聚类成模式；总结和结论——总结与你的研究相关的核心发现，区分你的调查与前人的研究——包括你的问题、模式、方法论、收集的资料。

* 第三章　模式的概念框架

形成模式的概念框架；包括理论、概念以及描述你的研究设计要素的过程。

* 第四章　方法论

包括在研究准备、资料收集，以及资料的整理、分析和综合过程中形成的方法和程序。

第五章　资料的呈现

包括资料的收集及其分析和综合的逐字案例。包括视域化、视域或意义单元、将视域聚类为主题、个体纹理描述、个体结构描述、综合纹理描述、综合结构描述，以及体验的意义和本质的综合的案例。

第六章　总结、影响和结果

用简洁、生动的术语总结整个研究，从研究的开始到最后的资料综合。

既然你的研究已经完成了，那么你自己的发现与文献综述当中呈现的发现到底有什么不同呢？

作为你研究的一项成果，你或者他人可能会开展什么样的未来研究呢？至少要形成一个详细的计划。

你的研究方法论和发现存在什么局限性呢？

如果有的话，有哪些影响与社会、你的专业、你的教育、作为一个学习者和一个人的你相关？

撰写一段简短的有创意的结语，从知识的价值和你的专业—个人生活的未来方向的角度，说明研究的本质及其对你的启示。

* 实际写作中第三章和第四章可以合并为一章。

著作译名对照表

《触摸孤独》 *The Touch of Loneliness*

《笛卡尔式的沉思》 *Cartesian Meditations*

《迪尤肯现象学心理学研究》 *Duquesne Studies in Phenomeno-logical Psychology*

《个性与遭遇》 *Individuality and Encounter*

《孤独》 *Loneliness*

《孤独和爱》 *Loneliness and Love*

《观念》 *Ideas*

《节奏、仪式和关系》 *Rhythms,Rituals and Relationships*

《论自由》 *On Liberty*

《逻辑研究》 *Logical Investigations*

《启发式研究》 *Heuristic Study*

《启发式研究: 设计、方法论和应用》 *Heuristic Research: Design, Methodology, and Applications*

《认同和人际间的能力》 *Identity and Interpersonal Competence*

《社会科学家的质性分析》 *Qualitative Analysis for Social Scientists*

《我们自己和我们的孩子》 *Ourselves and Our Children*

《现象学研究方法》 *Phenomenological Research Methods*

译后记

　　与穆斯塔卡斯的这本著作相识大约在8年前，那时我还在北京大学教育学院攻读博士学位，而我选择的研究方向恰恰是现象学教育学。现象学教育学研究方向的选择得益于导师陈向明教授带领的研究团队的质性研究传统。后来在第二届现象学教育学国际学术会议的影响下，我开始了在现象学领域中的朦胧探索。尽管像很多国内现象学教育学研究者一样，我受到加拿大现象学教育学家马克斯·范梅南的著作影响比较大，但是在研究的旅程中，我还是渴望找到一种更具操作性的现象学研究方法。当我在北大图书馆的书海中畅游时，我邂逅了穆斯塔卡斯的《现象学研究方法》。虽然我在研究过程中援引了该本著作，但当时对该部著作并没有深入的研究。在中文文献的查找中，我发现国内介绍现象学研究方法（不是现象学哲学）具体运用的译著比较少。在我很熟悉的重庆大学出版社的万卷方法丛书系列中也没有发现引介实践现象学研究方面的译著，当时内心不免有些失落。

　　2014年我从北大毕业来到新疆石河子大学从事教学工作，虽然距离首都北京比较遥远，但我还是竭尽所能地保持着与现象学教育学研究前沿的关联。2015年和2018年我参加了首都师范大学举办的第三届、第四届现象学教育学国际学术会议，并做了发言。2018年上半年，我与向明老师联系时探讨了一些现象学方法方面的问题，电话中我跟向明老师说下半年要去北京参加第四届现象学教育学国际学术会议的事宜，同时我还提到想把穆斯塔卡斯的《现象学研究方法》译成中文的计划，她认为该项工作一定会得到重庆大学出版社的支持。在电话交谈中，我从向明老师那里获得了鼓励和勇气。尽管我知道翻译是一个费时费力而又不讨好的差事，但当时的决定绝对是出自一个热衷于实践现象学研究的年轻人内心难以压抑的热情。

2018年秋季学期，由于教育学专业的学生要到南疆支教，我的部分教学计划被取消了，于是我有了一个比较宽松自由的工作环境，该书的翻译很快付诸行动。随着夜以继日的工作，这部书的译稿初稿在三四个月内很快就完成了，之后一直到2019年年底，译稿先后经历了六次修改。没想到在字斟句酌之间，这本著作的翻译前后耗费了我整整一年半的时间。然而，我却从来没有后悔当初的选择。

穆斯塔卡斯这本著作的最大特点是清晰地阐明了现象学方法的理论基础，通过不同学科领域的研究案例展现了现象学方法的实施步骤，并在附录部分提供了一些模板，这对于现象学方法的学习者和实践者而言具有很强的实用性。这样的写作方法也存在一定的风险，即可能会给读者留下肢解案例的感觉，难以对现象学方法形成完整的印象。不过，这些不足完全可以通过进一步阅读书中的参考文献来加以弥补。总而言之，穆斯塔卡斯的这本英文著作是介绍现象学方法论的难得的经典著作。反观国内实践现象学的研究，我们会发现现象学哲学的意味太浓，不利于推动现象学方法在人文科学研究中的运用。许多实践现象学研究者很容易陷入现象学哲学晦涩难懂的深渊中无法自拔，甚至迷失方向。对实践现象学研究者而言，最大的挑战在于在现象学哲学与现象学方法之间保持适当的张力，既不沉迷于现象学哲学复杂的逻辑推理，又能精通现象学方法的理论基础。换言之，研究者要懂得现象学的基本原理，能够从现象学方法论着陆到真实的专业生活实践当中去。穆斯塔卡斯的著作无疑为现象学方法的初学者登堂入室提供了便捷的路径。毋庸置疑，我从未否认过现象学哲学理论学习的必要性以及现象学思维训练的重要性，我只是想提醒实践现象学研究者，更重要的使命是对现象学基本原理或方法的运用，而不必热衷于现象学家的逻辑论证或者介入哲学观点的争鸣。实践现象学研究者应关注形而下的鲜活的生活世界，热衷于现象学方法与具体生活世界的结合，热衷于拓展实践现象学的学术领地，促进学术的创新或者边缘学科的建立。

在本书中，穆斯塔卡斯以清晰简明的笔触阐明了质性研究范式下的民族志、扎根理论研究、诠释学、经验现象学以及启发式研究的特征，并勾勒出人文科学研究七个方面的共同特征："1.承认质性设计和方法论的价值，研究依靠/凭借量化研究难以获得的人类体验。2.聚焦于体验的整体性，而不是只关注它的对象或部分。3.寻求体验的意义和本质，而非测量和解释。4.通过非正式和正式的对话，以及访谈中的第一人称的叙述来获得对体验的描述。5.将体验资料视为理解人类行为的必要条件以及科学研究的证据。6.阐述的研究问题或课题反映了研究者的兴趣、卷入和个人承诺。7.将体验和行为视为主体与客体、部分与整体之间一种完整的、不可分割的关系。"（详见本书第1章）穆斯塔卡斯对这些特征的描述让我不由自主地产生了"现象学的点头"。这些特征既让我们感觉到质性研究与量化研究的本质不同，又让我们感觉到了质性研究的魅力。我认为质性研究的魅力在于，它不仅能够说服人，而且能够打动人。在质性研究中，没有被试或研究对象，有的只是研究参与者或合作研究者（co-researcher），在操纵与控制向倾听与理解的转向中，研究参与者感觉到的是人的尊严。质性研究之所以令人着迷，是因为它能触摸到人的内心世界最真实的东西。同样，穆斯塔卡斯的现象学研究模式也会给学术研究带来一种新的气象和活力。

穆斯塔卡斯在介绍了人文科学的研究方法之后，主要着墨于现象学方法论的阐述。作者重点阐明了现象学哲学理论当中的核心概念，如"意向性、意向对象和意向活动、悬置、现象学还原、想象变更和综合"（详见本书第2~5章），并在阐明现象学方法论的基础上，提出了人文科学研究的方法和程序，概言之主要有7个方面：形成研究问题；进行文献综述；选择研究参与者；考虑研究伦理；收集研究资料；整理和分析资料（详见本书第6章）。在资料分析方面，作者介绍了两种对现象学资料进行分析的方法：对范卡姆现象学资料分析方法的修改，以及对斯蒂维克—克莱茨—基恩资料分析方法的修改。无论哪种方法，本质上都是殊途同归，它们共同的分析思路都包含以下几个步骤：阅读现象学文本——聚类和主题化——构建一份关于体验的个人的纹理描述——通过想象变更构建一份关于体验的个人的结构描述——构建一份关于体验的意义和本质的个人的纹理—结构描述——形成一份能够代表整个群体体验的意义和本质的普遍描述（详见本书第7章）。资料分析结束后是对整个研究的回顾与对研究结果的总结（详见本书第8章）。附录B和附录C比较详细完整地描画了现象学研究的过程及其呈现方式。

在现象学方法的呈现过程中，穆斯塔卡斯广泛运用了心理治疗、健康护理、受害者研究、心理学，以及性别研究领域的案例。相信这本简明的著作对促进现象学方法在国内相关学科领域内的创造性运用将起到不可估量的作用。

感谢重庆大学出版社雷少波副总编对译者的信任以及对出版本书的热情，感谢林佳木编辑为本书出版所做的大量认真细致的工作。最后，由于译者水平有限，译文难免有不妥之处，恳请各位读者和同行批评指正，我的邮箱是liuqiang1470@126.com，欢迎与本书有缘之人不吝赐教，以便译者不断改进。

刘　强

2020年1月19日

于新疆石河子市北新佳苑寓所

图书在版编目（CIP）数据

现象学研究方法：原理、步骤和范例／（美）克拉克·穆斯塔卡斯（Clark Moustakas）著；刘强译. --重庆：重庆大学出版社，2021.8（2024.10重印）

（万卷方法）

书名原文：Phenomenological Research Methods

ISBN 978-7-5689-2565-5

Ⅰ.①现… Ⅱ.①克…②刘… Ⅲ.①现象学—研究方法 Ⅳ.①B81-06

中国版本图书馆CIP数据核字（2021）第034825号

现象学研究方法：原理、步骤和范例

［美］克拉克·穆斯塔卡斯（Clark Moustakas） 著

刘 强 译

策划编辑：林佳木

责任编辑：林佳木 版式设计：林佳木
责任校对：邹 忌 责任印制：张 策

*

重庆大学出版社出版发行
出版人：陈晓阳
社址：重庆市沙坪坝区大学城西路21号
邮编：401331
电话：（023）88617190 88617185（中小学）
传真：（023）88617186 88617166
网址：http://www.cqup.com.cn
邮箱：fxk@cqup.com.cn（营销中心）
全国新华书店经销
重庆华林天美印务有限公司印刷

*

开本：890mm×1240mm 1/32 印张：7.75 字数：190千 插页：12开1页
2021年8月第1版 2024年10月第2次印刷
ISBN 978-7-5689-2565-5 定价：38.00元